Schriftenreihe Geschichte der Naturwissenschaften und der Technik
Johannes Kepler Universität Linz
herausgegeben von Franz Pichler und Gerhard Pohl

Band 48

Aufsätze zur Geschichte der automatischen Telefonsysteme

Entwicklung in Österreich 1910–1980

Franz Pichler

unter Mitarbeit von Norman Dulosy

Schallenbergerweg 7
A-4048 Puchenau
Österreich

,

Kommissionsverlag:
TRAUNER Verlag + Buchservice GmbH
Köglstrasse 14, 4020 Linz, Österreich/Austria

Herstellung:
Paco Medienwerkstatt
Huttengasse 47,1160 Wien

ISBN 978-3-99151-708-5

Franz Pichler

unter Mitarbeit von Norman Dulosy

Aufsätze zur Geschichte der automatischen Telefonsysteme

Entwicklung in Österreich 1910–1980

Universitätsverlag Rudolf Trauner

Schriftenreihe Geschichte der Naturwissenschaften und der Technik
Johannes Kepler Universität Linz

Herausgeber der Schriftenreihe

em. Univ. Prof. Ing. Dr. phil. Franz Pichler
c/o Systemtheorie
Technisch- Naturwissenschaftliche Fakultät
Johannes Kepler Universität Linz

Doz. Dr. phil. W. Gerhard Pohl
Langfeldstrasse 85
A 4040 Linz

Redaktion

Prof. Ing. Dr. Franz Pichler
c/o Systemtheorie
Johannes Kepler Universität Linz
A-4040 Linz

Band 48: Aufsätze zur Geschichte der automatischen Telefonsysteme
Entwicklung in Österreich 1910–1980

Wählamt 48 im Telegraphen- Museum in Stegersbach

Vorwort

Eigentlich war von mir keine weitere Schrift in dieser Reihe vorgesehen. Ich bin daher meiner geschätzten Lesergemeinde eine Erklärung schuldig, dass es dennoch zu dieser Schrift gekommen ist. Den Anstoß dazu gab ein für den Schulunterricht angefertigtes Gerät meiner Sammlung, mit dem das technische Prinzip einer elektromechanischen Telefonvermittlung erklärt werden konnte. Es zeigte einen „Dietlwähler“ mit zugehörigen Relaissatz. Der Erbauer hatte wohl Zugriff zu Bauteilen eines aufgelassenen oder durch die Bomben des Zweiten Weltkrieges zerstörten österreichischen Telefon- Wählamtes und verwendete diese in diesem für den Schulunterricht angefertigten Gerät. Bei der Suche im Internet nach „Dietl“ erfuhr ich über die homepage des Telefonmuseums in Dresden dass der Sammler und Telekom Historiker Norman Dulosy in Laa an der Thaya eine Telephonvermittlung des Systems Dietl in Betrieb hat. Ich hatte damit einen wichtigen Hinweis zur Geschichte meines Sammlungsstückes bekommen. Es war nicht ganz einfach einen Kontakt zu Norman Dulosy zu bekommen. Schließlich gelang dies und ich konnte im Oktober vorigen Jahres ihn treffen und seine Sammlung kennenlernen. Aus dieser Begegnung entstand der Plan zu diesem Buch. Norman Dulosy, der den Plan hat ein Fachbuch zur Geschichte der Telefonie in Österreich zu verfassen, war so freundlich mit zwei Aufsätzen (Kapitel 6 und 7) zu dieser Schrift beizutragen. Des Weiteren hat er bei der Korrektur und der Bereitstellung von Bildern aus seinem Archiv einen wichtigen Beitrag geleistet. Dafür bin ich ihm dankbar. Des Weiteren möchte ich Siegfried Warth, Deutsches Telefon Museum Morbach, Deutschland, für die Unterstützung bei der Literatursuche und bei Erwin Bauer, Telekom Museum Ried, für die zur Verfügung gestellten Bilder danken. Im Rahmen meiner in dieser Schriftenreihe verfassten Schriften ist dies die erste Schrift, die ausschließlich der Geschichte der Telefonie gewidmet ist. Ich erfülle damit auch einen kleinen Beitrag meiner Dankbarkeit für die seinerzeitige Österreichische Post- und Telegraphenverwaltung (ÖPT), bei der ich meine Facharbeiter Ausbildung an der Fernemeldemonteurschule in Graz in den Jahren 1950–1954 erhalten habe und anschließend von 1954-1967 in den Fernmeldebetriebsämter von Salzburg und Innsbruck gute Berufsjahre hatte.

Diese Schrift soll allgemein verständlich sein und erhebt nicht den Anspruch eines Fachbuches.Wenn damit jedoch das Interesse der Leser für die Geschichte der automatischen Telefonie geweckt werden kann, so hat es sein Ziel erreicht.

Puchenau, im Jänner 2025 Franz Pichler

Inhaltsangabe

1. Einführung

Das Telefon gehört nach wie vor zu den wichtigsten Mitteln der Kommunikation. Wenn auch heute zusätzlich dazu mit Radio, Fernsehen und den verschiedenen Diensten über das Internet weitere Medien dafür zur Verfügung stehen, so stellt das Telefon, mit dem eine Übertragung der menschlichen Stimme über große Entfernungen durchgeführt werden kann, dennoch etwas Einzigartiges dar. Es existiert heute ein weltweites Telefonnetz und Telefonieren, auch über große Entfernungen, gehört zum Alltag. Wie kann man sich erklären dass es möglich ist mit dem Drücken einiger Tasten automatisch eine Sprachverbindung mit einem vielleicht sehr weit entfernten Familienangehörigen oder Freund zustande zu bringen. Tatsächlich ist es sehr schwierig die Funktion der heute eingesetzten technischen Systeme, allgemein verständlich darzustellen. Heute geschieht technisch die Übertragung der Sprachsignale weitgehend mittels Lichtimpulsen über Glasfaserkabel und die Herstellung der Verbindung geschieht mittels spezieller Algorithmen, die den im Telefonnetz eingesetzten Computersystemen zugrunde liegen. Die dabei ablaufenden optischen und elektrischen Vorgänge können zu einem Verständnis der technischen Funktion direkt kaum herangezogen werden. Indem jedoch darauf aufbauend die einzelnen Signaloperationen betrachtet werden und mittels Blockschaltbildern ihr Zusammenwirken erklärt wird, kann aber ein allgemein verständliches Bild für die Funktion erhalten werden.

Im Rahmen der Aufsätze dieser Schrift geht es aber nicht um diese Fragestellung. Unser Interesse gilt vielmehr der Geschichte der Entwicklung der Telefonie, von ihren Anfängen vor etwa 150 Jahren bis heute. Im Rahmen dieser Schrift kann dies nur in eingeschränkter Weise geschehen. Mit einzelnen voneinander weitgehend unabhängigen Aufsätzen wird damit versucht wichtige Stufen dieser Entwicklung darzustellen. Die Betonung liegt dabei bei den automatischen Vermittlungssystemen, die eine Verbindung durch Wahl der Nummer der gewünschten Stelle stufenweise selbst herstellen. Technisch gehören die ersten dafür gebauten Systeme zum Gebiet der Elektromechanik, die mit elektromagnetischen Relais und elektromechanisch angetriebenen Wählern dafür die Grundbestandteile liefert. Ihr Verständnis erfordert nur einfache Kenntnisse der Feinmechanik und des Elektromagnetismus. Mit der Entwicklung der Elektronik, hier besonders der Mikroelektronik und Digitaltechnik, bekam auch diese eine wichtige Rolle für den Bau von Telefonvermittlungen. Heute ist mit dem Fortschritt der Optoelektronik und Mikroprozessortechnik damit eine vollständige Digitalisierung des Telefonnetzes erreicht worden. Mit der „letzten Meile“ und dem bisher üblichen Telefonapparat ist jedoch bis heute ein Rest der früheren „analogen“ Telefonie erhalten geblieben.

2. Beginn der Telephonie in den USA

Einleitende Bemerkungen

Die Vereinigten Staaten von Amerika haben wie wir wissen, einen großen Beitrag zur Entwicklung des Telephons geleistet und nehmen dafür bis heute eine Führungsrolle ein. In diesem Kapitel soll es jedoch nur um Beiträge zur Erfindung und Entwicklung für die ersten fünfzig Jahre vom Jahre 1876 an gehen. Wie die Telegraphie, so wurde auch die Telephonie in den USA nach der Erfindung auch sehr rasch in die Praxis umgesetzt. Dieses Kapitel behandelt die Erfindung des Telephons und des Mikrophons und versucht auch deren Einsatz im Telephonapparat sowie auch den Aufbau der Telefonnetze und der Telephon-Vermittlungen in kurzer Form darzustellen.

2.1 Die Erfindung des Telephons durch Bell

Geschichte der Erfindung

Alexander Graham Bell (1847- 1922) war im Alter von 23 Jahren mit seinen Eltern aus England nach Kanada gekommen. Sein Vater, ein Sprachwissenschaftler, hatte dort in der Stadt Kingston eine Stelle als Professor für Linguistik erhalten. Bell erlernte von seinem Vater das Ablesen von Worten aus Lippenbewegungen und war als Lehrer für Taubstumme sehr erfolgreich tätig. Dies führte in der Folge zu seiner Ernennung als Professor für „Vocal Physiology" an der Universität von Boston in den USA. Bereits in England hatte Bell das Buch des deutschen Professors Hermann von Helmholtz zur „Theorie der Tonempfindungen" kennengelernt, im besonderen auch dessen Vokalapparat, mit dem man in der Lage war, auf elektrischem Wege verschiedene Vokale der menschlichen Stimme zu erzeugen. In Boston verfolgte Bell die an verschiedenen Stellen durchgeführten Versuche mit dem „harmonic telegraph", mit dem man das Ziel verfolgte, über eine Leitung zugleich mehrere telegraphische Verbindungen herzustellen. Besonders interessierte sich Bell auch für den Phonographen von Scott mit dem man Schallschwingungen sichtbar machen konnte und der als grobes Modell des menschlichen Ohres angesehen werden konnte. Bell führte im Jahre 1874 selbst solche Experimente dazu durch. Zur Unterstützung bei den erforderlichen mechanischen Arbeiten im Rahmen der Experimente mit dem „harmonic telegraph" nahm er in Boston Kontakt mit der Firma „Charles Williams JR, Manufacturer of Telegraph Instruments" auf und lernte dort den Mechaniker Thomas A. Watson kennen. Watson sollte von da an sein ständiger Mitarbeiter und Begleiter sein. Gemeinsam setzten beide die Experimente mit dem „harmonic telegraph" fort. In den beiden Tagen 2. und 3. Juni 1875 kam es jedoch zur folgenden wichtigen Entdeckung: Bei der Justierung einer Zunge des Sendeteils des „harmonic telegraphs" durch Watson, wobei eine elektrische Unterbrechung erfolgte, bemerkte Bell, der am Empfangsteil auf die Töne horchte, dass allein durch das Schwingen der Zunge im Sendeteil ein Ton übertragen wurde. Die Erzeugung des Tones mittels Induktion war damit entdeckt. Diese Entdeckung führte zur Konstruktion des „gallows telephone", deutsch übersetzt „Galgentelephon", bei dem eine aus einem Rinderdarm angefertigte Membrane, die Funktion der einzelnen Zungen des Sendeteils des „harmonic telegraphs" zu ersetzen hatte. In etwas glücklicher Weise führte diese Entdeckung zum US Patent No. 174,465 das am 14. Februar 1876 eingereicht wurde und am 7. März 1876 vom Patentamt bestätigt wurde. In diesem Patent dient das „gallows telephone" auch als Empfänger. In der damit vorliegenden Form konnte jedoch, wie berichtet wird, noch keine befriedigende Verständigung erreicht werden.

(2.1) „Geburtshaus" des Bell Telephons in Boston (2.2) gallows telephone von Bell 1875

Erst mit dem von Bell anschließend konstruierten „liquid transmitter" als Sendeteil, bei dem ein an der Membrane angebrachter Stift in eine Säurelösung eintauchte und dessen Schwingungen einen veränderlichen Widerstand erzeugten, konnte eine befriedigende Lösung erreicht werden. Am 10. März 1876 kam es im Laboratorium von Bell bei Versuchen mit diesem System zur erfolgreichen telephonischen Übertragung des Satzes „Mr. Watson, come here, I want You". Bell verfolgte aber den „liquid transmitter" nicht weiter. Es kam in der Folge zur Konstruktion des „membrane transmitters" als Sender und der „iron box" als Empfänger. Das damit gestaltete System wurde am 10. Mai 1876 von Bell erfolgreich in Boston vorgeführt. Ebenso wurde es im Sommer 1876 an der „Philadelphia Centennial Exposition" ausgestellt und am 25. Juni 1876 den Preisrichtern der Ausstellung präsentiert. Unter den Besuchern waren neben

Emil Berliner, von dem später noch zu berichten ist, auch William Thomson, der spätere Lord Kelvin. Es wird berichtet, dass Dom Pedro, der Kaiser von Brasilien, als Bell ihm sein Telephon vorführte mit dem Ausruf „mein Gott- es redet“ überrascht reagiert hat. Von den Zeitungen wurde daraufhin die Erfindung von Bell groß herausgebracht und entsprechend gewürdigt. Auch in Europa machte die Erfindung von Bell entsprechende Schlagzeilen. Am Anfang begegnete man dieser jedoch an vielen Orten mit Skepsis. Es war ein Verdienst von William Thomson der, um die Skepsis in England zum Verschwinden zu bringen, dafür eintrat und für den Erfinder Graham Bell die entsprechende Hochachtung öffentlich zeigte.

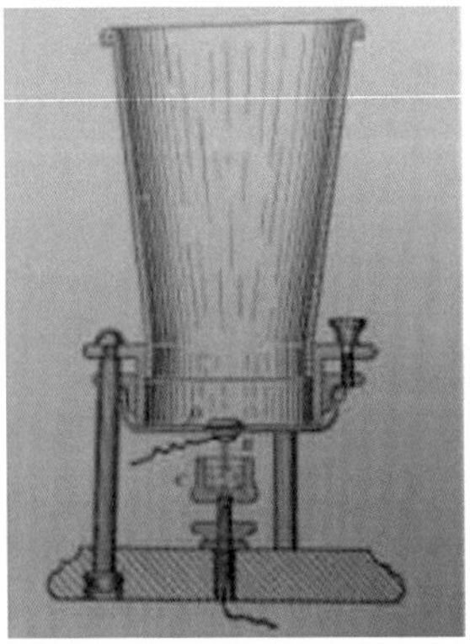

(2.3) Bell's liquid transmitter 1875 (2.4) Membrane transmitter und iron box von Bell 1876

Verbesserung und Erzeugung des Bell Telephons

Nach der erfolgreichen Patentierung und Präsentation auf der Ausstellung in Philadelphia galt es für Bell sein Telephon erfolgreich anzuwenden um damit die Eignung für die Praxis zu beweisen. Als erstes wurde von Boston nach Cambridge Port über die Entfernung von zwei Meilen erfolgreich eine Übertragung durchgeführt. Zur Verbesserung wurden die beiden Membranen mit einem dünnen Eisenbleich versehen, womit die Induktionswirkung im Sendeteil als auch die elektromagnetische Kraftwirkung im Empfangsteil sich verstärkte. Für den Elektromagneten des „membrane transmitter“ war jedoch eine Stromversorgung mit einer Batterie notwendig. Es war naheliegend zu versuchen, diese durch Anbringung eines Dauermagneten zu ersetzen. Dies geschah durch die von Bell gemachte Erfindung des „magneto telephones“, auch „box telephone“ genannt. Wie später berichtet werden soll, hatte diese Idee auch Dolbear, was zu Patentstreitigkeiten führte. Die mit einem „magneto telephone“ eingerichtete Verbindung von Boston nach Salem über 16 Meilen, die am 26. November 1876 hergestellt wurde und die Versuche über die etwas später hergestellte Strecke von Boston nach North Conway (New Hampshire) über 100 Meilen, verliefen erfolgreich für diese neue Entwicklung. Graham Bell reichte am 17. Jänner 1877 ein Patent dazu ein. Das US Patent No 186.787 dazu wurde am 30. Jänner vom Patentamt bestätigt. In der Folge wurden von Bell und Watson eine Reihe von Vorträgen durchgeführt, in denen die Funktion des „magneto telephones“ demonstriert wurde. Davon soll der Vortrag, den Watson in Salem hielt und der über eine Leitung in das Laboratorium von Bell in Boston, wo Bell eine Reihe von Freunden versammelt hatte, übertragen wurde, hier erwähnt werden. Als Leitungen wurden für solche Vorträge meistens bereits bestehende Telegraphenleitungen angemietet. Bell richtete für sich selbst eine eigene Telephonleitung von der Werkstätte von Charles Williams JR in Boston zu seinem Wohnhaus in Sommerville ein, die am 4. April 1877 in Betrieb genommen wurde.

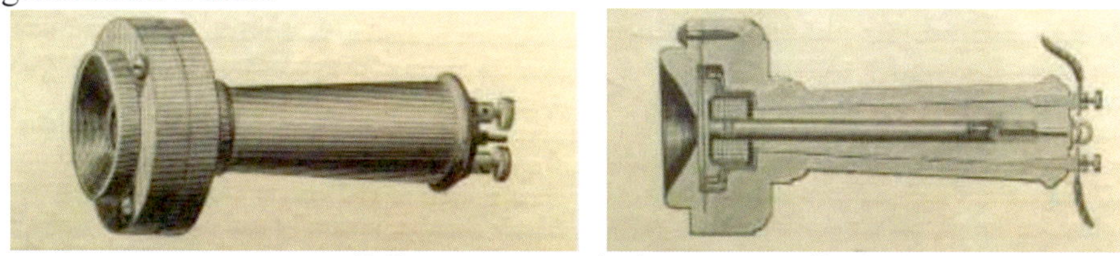

(2.5) „magneto telephone“ von Bell, 1876

(2.6) Telephonische Übertragung des Vortrages von Watson von Salem

Erste kommerzielle Anwendungen

In Boston wurde im Mai 1877 die Firma E.T. Holmes & Co auf die Erfindung von Bell aufmerksam. Holmes erzeugte Alarmsysteme, die Wohnhäuser gegen Einbruch sichern sollten. Das Telephon von Bell sollte bei diesen für Meldungen an die Zentrale eingesetzt werden. Holmes gründete dazu eine eigene Firma, die „Telephone Despatch Company“. Diese Verwendung des Telephons, auch wenn diese sehr speziell war, kann als die erste kommerzielle Benutzung des Telephons von Bell angesehen werden. Eine weitere Anwendung, die bereits die heute übliche Verwendung des Telephons darstellt, wurde von George W. Coy, der am 28. Jänner 1878 in New Haven die „District Telephone Company” gründete, realisiert. An deren Vermittlungszentrale, der “exchange”, wurden 50 Teilnehmer angeschlossen.

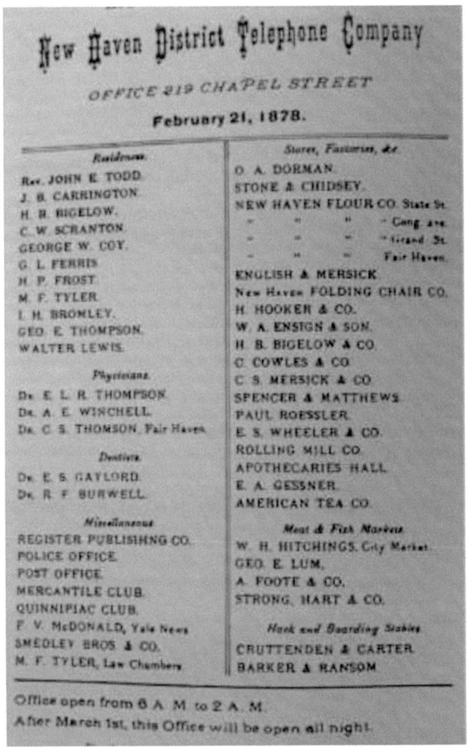

New Haven District Telephone Company

OFFICE 219 CHAPEL STREET

February 21, 1878.

Residences.

Rev. JOHN E. TODD
J. B. CARRINGTON
H. B. BIGELOW.
C. W. SCRANTON
GEORGE W. COY.
G. L. FERRIS
H. P. FROST
M. F. TYLER
I. H. BROMLEY.
GEO. E. THOMPSON.
WALTER LEWIS.

Physicians.

Dr. E. L. R. THOMPSON
Dr. A. E. WINCHELL
Dr. C. S. THOMSON, Fair Haven

Dentists.

Dr. E. S. GAYLORD
Dr. R. F. BURWELL

Miscellaneous.

REGISTER PUBLISHING CO.
POLICE OFFICE.
POST OFFICE.
MERCANTILE CLUB.
QUINNIPIAC CLUB.
F. V. McDONALD, Yale News
SMEDLEY BROS. & CO.
M. F. TYLER, Law Chambers

Stores, Factories, &c.

O. A. DORMAN
STONE & CHIDSEY.
NEW HAVEN FLOUR CO. State St.
" " " " Cong. ave.
" " " " Grand St.
" " " Fair Haven.
ENGLISH & MERSICK.
New Haven FOLDING CHAIR CO.
H. HOOKER & CO.
W. A. ENSIGN & SON.
H. B. BIGELOW & CO.
C. COWLES & CO.
C. S. MERSICK & CO.
SPENCER & MATTHEWS.
PAUL ROESSLER.
E. S. WHEELER & CO.
ROLLING MILL CO.
APOTHECARIES HALL.
E. A. GESSNER.
AMERICAN TEA CO.

Meat & Fish Markets.

W. H. HITCHINGS, City Market.
GEO. E. LUM.
A. FOOTE & CO.
STRONG, HART & CO.

Hack and Boarding Stables.

CRUTTENDEN & CARTER
BARKER & RANSOM

Office open from 6 A. M. to 2 A. M.
After March 1st, this Office will be open all night.

(2.7) Holmes “Telephone Despatch Company” (2.8) Telephon-Verzeichnis der “New Haven Telephone Company”

Patentstreitigkeiten

Veranlasst durch die von Bell gestalteten Vorträgen und Vorführungen und den Berichten darüber in den Zeitungen, meldeten sich eine Reihe von Erfindern, die Bell sein Patent streitig machen wollten. Vor allem ist hier Elisha Gray aus

Chicago zu nennen. Gray hatte eine Patentschrift verfasst, deren Inhalt ein Gerät behandelte, dessen Funktion dem Telephon der ersten Patentschrift von Bell vom Jahre 1876 gleichkam. Das Pech von Gray war, dass seine Einreichung um zwei Stunden zu spät kam. Trotzdem erwarb Western Union, die in den USA führende Telegraphenfirma, die Rechte für das Telephon von Gray und gründete zusammen mit ihm die „American Speaking Telephone Company“. Nach langwierigen Prozessen, die von Bell geführt wurden, wurde schließlich dem Patent von Bell der Alleinanspruch gewährt. Ein weiterer Anspruch, das Patent von Bell betreffend, wurde von Amos E. Dolbear, Professor für Physik am bekannten Tuft College in Madford, Massachusetts, eingebracht. Dolbear hatte in seinem im Jahre 1877 erschienenen Buch „The Telephone“ bereits die Anbringung eines Eisenbleches an einer Vogelbalg-Membrane vorgeschlagen und in vorhandenen Manuskripten auch die Verwendung eines Dauermagneten im „transmitter“ beschrieben. Wie Gray so war auch Dolbear in dem mit Bell geführten Prozess erfolglos. Ein weiterer Erfinder, der Bell sein Patent streitig machen wollte, war James W. McDonough. Mc Donough hatte bereits am 10. April 1876 ein Caveat, dies ist ein „Vorpatent“, eingereicht, das als Empfänger ein Telephon mit Dauermagnet, in der Art wie dies Bell später in seinem Patent zum „magneto-telephone“ vom Jahre 1877 vorgesehen hatte, verwendete. Erst im Jahre 1881 bekam McDonough vom Patentamt die Bestätigung der Annahme. Aber auch in diesem Fall gewann Bell anschließend im Jahre 1883 den Prozess.

2.2 Die Erfindung des Mikrophons

Während das Bell Telephon in seiner Verwendung als Empfänger äußerst effektiv war, was aber hauptsächlich durch die große Empfindlichkeit des menschlichen Ohres gegeben war, war es als Sender weniger geeignet. Die damit mit den Schallwellen durch Induktion erzeugten elektrischen Ströme waren sehr schwach. Es war daher naheliegend, dass sich eine Reihe von Erfindern mit dem Thema befassten, um ein besser geeignetes Gerät für den Sendeteil, dem „Mikrophon“, zu entwickeln.

Als der erste Erfinder, der sich der sich dem Mikrophon widmete, kann David E. Hughes, Professor für „Natural Philosophy“ in Bairdstown, Kentucky, genannt werden. Die erste Notiz von Hughes zu seiner Erfindung erschien bereits am 30. April 1878 in der Londoner „Times“ unter dem Titel „Transmission of Sound“. Eine genaue Erklärung der Funktion seines „Kohle-Kontakt Mikrophons“ wurde von ihm in der Arbeit „On the Action of Sonorous Vibration in Varying the Force of an Electrical Current“ gegeben. Diese Arbeit wurde in der Sitzung der Royal Society in London von seinem Freund Prof. T.H. Huxley am 8. Mai 1878 in London vorgelesen. Die Entdeckung von Hughes war, dass Kohlekontakte unter dem Druck von Schallschwingungen ihren Durchgangswiderstand stark ändern. Dem Vorbild von Faraday folgend reichte Hughes für seine Erfindung jedoch kein Patent ein, damit diese allgemein genutzt werden konnte. Das Kohlemikrophon von Hughes fand weite Verbreitung und wurde weiterentwickelt, besonders durch Ader in Frankreich, der auf der Pariser Elektrizitätsausstellung des Jahres 1884 Mikrophone zeigte, die bis zu 12 Kohlestifte verwendeten. Im Gegensatz zum Bell Telephon benötigte das Hughes Mikrophon und seine Nachfolger stets eine Speisung durch eine galvanische Batterie.

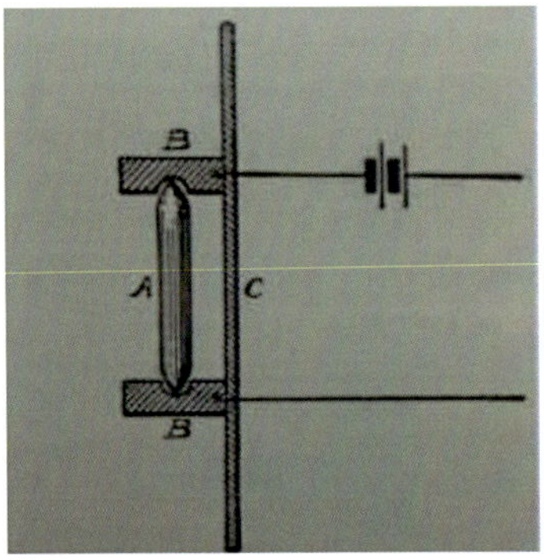

(2.9) Kohlemikrophon von Hughes 1878, (2.10) Kohlemikrophon von Ader, Paris

Bell hatte mit seinem „liquid transmitter“ vom Jahre 1876 bereits einen Sender dessen Funktion auf die Veränderung eines elektrischen Widerstandes durch Schallwellen beruhte, patentiert. Damit war für die Bell Company eine Möglichkeit gegeben, für das Mikrophon von Hughes Patentansprüche geltend zu machen. Eine Konkurrenz entstand dabei aber durch Thomas Alva Edison, der in seinem Laboratorium in Menlo Park, New Jersey sich ebenfalls mit Entwicklung eines Mikrophons beschäftigte, dessen Funktion auf einem veränderlichen Widerstand beruhte. Nach vielen Versuchen entdeckte Edison, dass er mit gepresstem Lampenruß ein geeignetes Material hatte, das unter Druck den Widerstand geeignet änderte. Am 22. April 1877 konnte Edison für seinen „lampblack transmitter“ ein Patent anmelden und dieses zur Verwertung der „American Speaking Telephone Company“, einem Konkurrenten der Bell Company, zur Verfügung stellen, wo es auch zum Einsatz kam.

Ein weiterer Erfinder für ein Mikrophon, das auf einem Druck-Kontakt beruhte, war der aus Deutschland (Hannover) im Alter von 19 Jahren eingewanderte Emil Berliner. Berliner hatte, wie bereits erwähnt wurde, an der Vorführung von Bell an der Ausstellung in Philadelphia im Jahre 1876 teilgenommen. Er war davon begeistert und versuchte sich ebenfalls an der Aufgabe den Sender zu verbessern. Bereits am 4. April 1877 konnte er ein Caveat für die Erfindung eines Mikrophons erreichen, bei dem durch den Druck einer Metallmembrane auf eine justierbare gefederte Metallkugel eine Widerstandsänderung erreicht wird. Erst mit 17. November 1891 wurde ihm dafür das Patent erteilt. Die Rechte dazu wurden später von der Bell Company erworben.

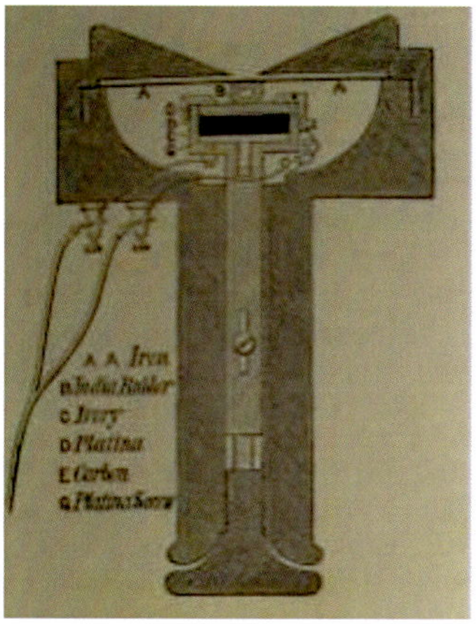

(2.11) Edisons „lampblack“ Mikrophon 1877

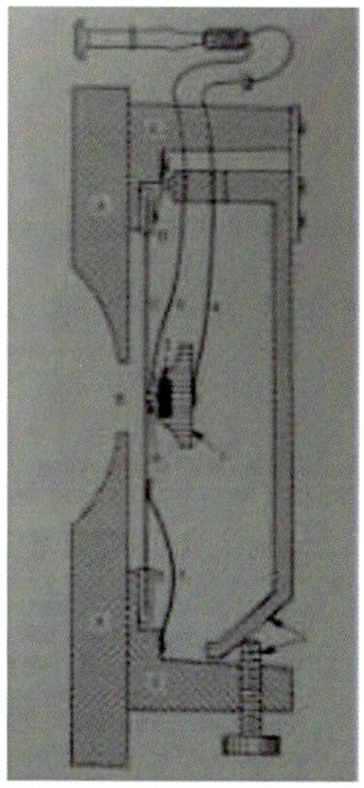

(2.12) Druckkontakt-Mikrophon von Emil Berliner 1877/1891

In der Bell Company war man interessiert eigene Patente, die dem Beispiel des von Edison erfundenen Kohlemikrophons folgten, zu erwerben. Francis Blake, ein Angestellter der Bell Company, entwickelte ein Mikrophon bei dem ein an der Membran angebrachter Platinstift durch Druck auf einen Kohleblock eine Änderung des Durchgangswiderstandes bewirkte. Blake erhielt im Jahre 1881 vier Patente dafür zugesprochen. In der Folge wurden in den USA aber auch in den europäischen Ländern weitere Mikrophone entwickelt und praktisch in Telefonapparaten eingesetzt. Es soll hier dazu hier noch erwähnt werden, dass Edison im Jahre 1886 ein Granulat aus Anthrazit-Kohle entwickelt hat, das später bei Bell im „Blake granular carbon transmitter“ vom Jahre 1888 und im „solid-back transmitter“ von White angewendet wurde.

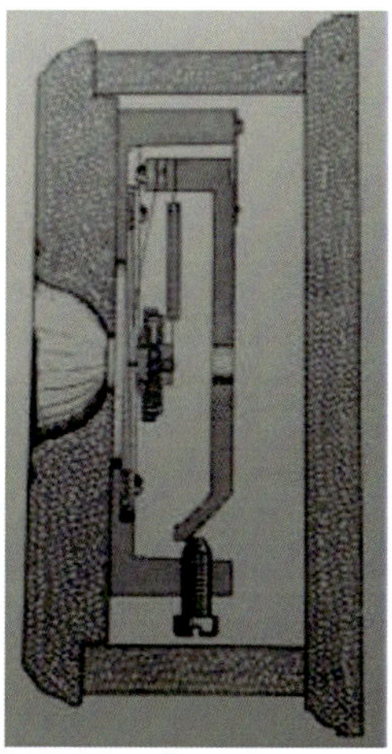

(2,13) Kohlemikrophon von Blake 1888

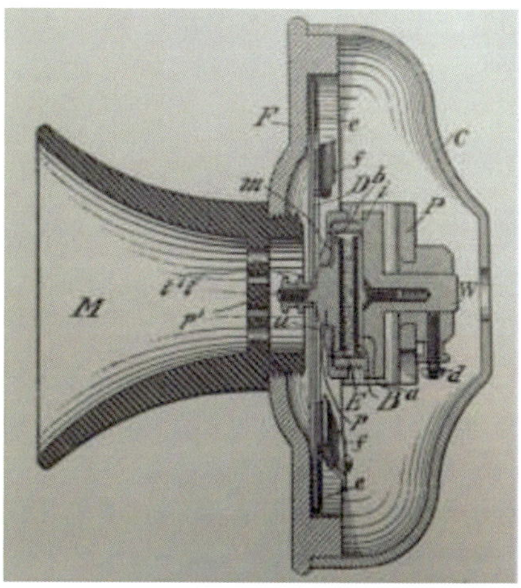

(2.14) Mikrophon von White

2.3 Gestaltung der Telephonapparate

Im Folgenden soll in kurzer Form die weitere Entwicklung der Telephonie, die in den USA nach der Erfindung des Telephons und des Mikrophons stattgefunden hat, behandelt werden. Als erstes soll dazu die Gestaltung des Telephonapparates, wie diese für die Teilnehmerstationen um das Jahr 1900 vorgenommen wurde, beschrieben werden. Neben dem Mikrophon und dem Telephon benötigte jeder Apparat Mittel um der Vermittlungszentrale einen Verbindungswunsch anzuzeigen und um das Ende eines stattgefundenen Gespräches zu signalisieren. In den über eine längere Leitung an die Vermittlung angeschlossenen Apparaten geschah dies durch das Senden eines mit einem Kurbelinduktor erzeugten Wechselstrom-Signals. Das Ende eines Gespräches konnte durch eine erneute Betätigung des Kurbelinduktors angezeigt werden. Im umgekehrten Fall, wenn über die Vermittlungszentrale eine ankommende Gesprächsverbindung gewünscht wurde, so musste diese ebenfalls ein Wechselstrom-Signal senden sodass der am Teilnehmerapparat vorhandene Rasselwecker den Anruf anzeigte. Die Telefonapparate um das Jahr 1900 waren durchwegs mit einem Kohle-Mikrophon ausgestattet. Dieses erforderte eine Speisung durch eine Batterie mit wenigsten zwei galvanischen Elementen, das heißt dass eine Spannung von 2 bis 4 Volt zum Betrieb des Mikrophons zur Verfügung stand. Um den Mikrophonstrom an den Leitungsstrom anzupassen, war zusätzlich ein Übertrager, die „Induktionsspule“, im Apparat notwenig. Zur Schonung der Batterie wurde, wenn nicht telephoniert wird, der Mikrophonstrom abgeschaltet. Dies wurde bei Wandapparaten durch den „Hakenumschalter“, der durch das Aufhängen des Telephons betätigt wurde, durchgeführt. Bei Tischapparaten sorgte der „Gabelschalter“ dafür. Schließlich, als letzter Baustein eines Telephonapparates dieser Jahre, soll der Schutz des Apparates gegen die über eine Freileitung möglichen Blitzeinwirkungen durch Strom- und Überspannungssicherungen angeführt werden. Das Bild zeigte eine Schaltung eines Apparates, die mit Ausnahme der Leitungssicherungen alle genannten Komponenten aufzeigt.

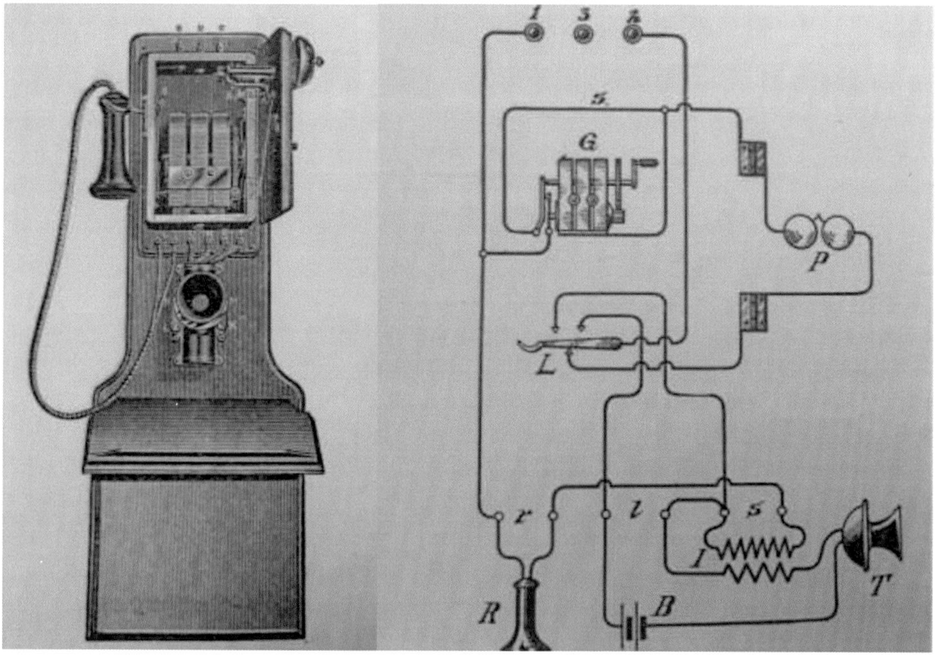

(2.15) „Magneto-Telephone“ Ansicht und Schaltung

Die ersten kommerziellen Teilnehmerapparate waren zur Befestigung an einer Wand gedacht. Solche Wandapparate haben sich bis in die neue Zeit erhalten. Erst später wurden Tischapparate verwendet. Typisch für die ersten Tischapparate waren die „candlestick desk sets“, in der Form einem Kerzenleuchter ähnlich, die allerdings eine gesonderte Unterbringung der Batterie und des Anrufweckers erforderten. Die Telephonfirmen dieser Jahre, allen voran die „American Bell Telephone Co.“ betreuten wohl das Telephonnetz als Ganzes, erzeugten aber die Teilnehmerapparate nicht selbst. Dazu gab es in den USA in diesen Jahren eine Anzahl von Firmen. Als wichtige Firmen können folgende genannt werden:

(1) Western Electric Company. Diese Firma wurde im Jahre 1877 in Chicago von Elisha Gray und Enos. M. Barton gegründet. Sie erzeugte um 1900 alle Apparate, die von der Bell Company benötigt wurden.
(2) Kellog Switchboard and Supply Company. Gegründet 1897 in Chicago von Milo Kellog
(3) Stromberg-Carlson Telephone Manufacturing Company. Gegründet im Jahre 1894 von Alfred Stromberg und Androv Carlson.

2.4 Vermittlungszentralen der ersten Zeit

Für die allgemeine Einführung der Telephonie waren neben den dafür notwendigen Telephonapparaten und den Leitungen auch die zentralen Vermittlungsstellen zur Erfüllung der Verbindungswünsche der Teilnehmer eine notwendige Voraussetzung. In den ersten Jahrzehnten wurde die Vermittlungsarbeit durchwegs „von Hand aus“ an speziell dafür konstruierten Vermittlungsschränken durchgeführt. Zu Beginn wurde diese Arbeit von Männern geleistet, es zeigte sich aber bald, dass Frauen diese Arbeit besser, vor allem flinker durchführen konnten. Das „Fräulein vom Amt“ war damit geboren. Mit der großen Akzeptanz das die Telephonie vom allgemeinen Publikum erhielt und der damit verbundenen Einrichtung von großen Vermittlungszentralen in den Städten, war damit auch ein wichtiger neuer Berufsstand für Frauen entstanden.

Als erstes in den USA für den kommerziellen Betrieb eingerichtetes Vermittlungsamt kann, wie bereits früher erwähnt, das im Jahre 1878 von George W. Coy in New Haven, Connicticut, angesehen werden. Die Teilnehmerapparate waren von der Art des „magneto telephone“ von Bell, die in Lizenz hergestellt wurden. Die Leitung zur Zentrale wurde, dem Beispiel der Telegraphie folgend, einadrig durchgeführt, das Erdreich diente als Rückleitung. Originale schriftliche Unterlagen zur technischen Ausführung dieses Vermittlungsamtes haben sich leider nicht erhalten. Durch Vergleich mit Beispielen ähnlicher Art konnte jedoch mit großer Wahrscheinlichkeit der Aufbau des New Haven Zentrale rekonstruiert werden. Es handelte sich um ein Amt mit Zentralbatterie, bei dem die Teilnehmer, wieder dem Beispiel der damaligen Telegraphie folgend, dauernd mit „Ruhestrom“ versorgt wurden. Dessen Unterbrechung signalisierte der Zentrale den Wunsch auf die Herstellung einer Verbindung. Die Vermittlung verfügte über eine Anzahl von Verbindungssätzen mit denen durch Einstellung von zwei Drehschaltern, einen auf den anrufenden Teilnehmer und den zweiten auf den gewünschten Teilnehmer, das Gespräch durchgeschaltet werden konnte. Als wichtiges Dokument hat sich jedoch, wie bereits angegeben, das Verzeichnis der damals an die New Haven Vermittlung angeschlossenen Teilnehmern erhalten.

Als eine Handvermittlung der ersten Stunde kann in den USA auch die Zentrale des „law system“ angesehen werden. Dieses entstand im Jahre 1880 durch Umrüstung der bereits seit dem Jahre 1874 bestehenden Vermittlung für telegraphische Korrespondenz, die für eine Gruppe von New Yorker Rechtsanwälte eingerichtet worden war. Diese Vermittlung benutzte im Gegensatz zu New Haven für die Durchschaltung der Verbindungen flexible Schnüre mit Seide umsponnenen Draht und Stöpselkontakten. Auch wurden hier an die Teilnehmer Nummern vergeben, was als Neuigkeit angesehen werden konnte.

(2.16) Handvermittlung des „Law Systems“ in Richmond, Virginia 1882

Eine weitere Handvermittlung größerer Art entstand bereits 1879 als von der „Gold and Stock Company“ ihre Zentrale, die ursprünglich für telegraphische Verbindungen eingesetzt war, auf Telephonie umgestellt wurde. Zum Einsatz kam hier der von Western Electric gerade entwickelte „universal switch“, der zum ersten mal Fallklappen zur Signalisierung eines Verbindungswunsches vorsah. Die Durchschaltung der Verbindung geschah ebenfalls mit Stöpselschnüren. Von Western Electric wurde 1880 der „standard switchboard“ entwickelt, der in den folgenden Jahren für Zentralen kleiner Größe als Muster für die dafür erzeugten Handvermittlungen gelten sollte. Für größere Zentralen entstand das Problem, dass die bisher eingesetzten Vermittlungsschränke in der Art des „standard switchboard“ die Anschlüsse nicht mehr aufnehmen konnten. Diese mussten auf mehrere Schränke verteilt werden. Das von Leroy B. Firman, einem Mitarbeiter der „Edison Chicago Exchange“, im Jahre 1881 eingereichte US Patent No. 252,576 für einen „multiple switchboard“ erlaubte, dass von jedem einzelnen Schrank aus alle an die Zentrale angeschlossenen Teilnehmer erreicht werden konnten. Als erfolgreiches Beispiel für die Anwendung dieses Patentes kann der in New York City im Jahre 1888 von Western Electric eingerichtete „Cortlandt board“ genannt werden. Diese Vermittlungszentrale konnte bis zu 10.000 Teilnehmer aufnehmen. Als neue Errungenschaft dieser Zentrale kann auch die Verwendung des Kurbelinduktors zur Signalisierung eines Verbindungswunsches und die zweiadrige Durchschaltung, angemerkt werden.

Neben den „Schnur-Handvermittlungen“ kamen vereinzelt in diesen ersten Jahren der Telephonie in den USA auch Vermittlungen mit Kreuzschienen-

Verteilern zum Einsatz. Kreuzschienen-Verteiler, in den USA auch als „Swiss commutator“ bezeichnet und in Deutschland und Österreich auch als „Steinheil Wechsel“ bekannt„ waren bereits vorher für Telegraphie-Vermittlungen eingesetzt worden. In der Weiterentwicklung führten diese zu den „Crossbar Systemen“ der späteren Jahre.

(2.17) Handvermittlung der „Gold and Stock Company“ in New York 1879

(a)

(b)

(2.18) Handvermittlungen von “Western Electric“
(a) „Universal switch“ 1879 (b) “Standard switch” 1880

In den größeren amerikanischen Städten wurde die Teilnehmerzahl in den 1880'er Jahren schnell sehr groß und es wurde notwendig, für die verschiedenen Stadtteile eigene Handvermittlungsämter einzurichten. Wurden diese in einem Maschennetz miteinander verbunden, so erforderte das Herstellen einer Verbindung immer noch mindestens zwei Beamtinnen. Eine besondere Stellung hatte hier die Millionenstadt New York. Die bereits angeführte „Cortlandt Vermittlung“ gehörte damals zu den größten der Telephonämtern der Stadt.

(2.19) Handvermittlung von Western Electric in der Cortlandt Street, New York City, 1888

2.5 Die Leitungsnetze der Zeit um 1900

In den ersten Tagen der Telephonie erfolgte, wie bereits erwähnt wurde, dem Beispiel der Telegraphie folgend, der elektrische Anschluss eines Teilnehmers an die Zentrale nur mit einem einzigen Draht. Das Erdreich diente als Rückleitung („grounded circuit“). Bei der Führung mehrerer solcher Leitungen nebeneinander kam es notgedrungen zu Störungen in Form von „Übersprechen“. Als Verbesserung wurden deshalb später Telephonanschlüsse mit zwei Leitungsdrähten durchgeführt („metallic circuit“). Die einzelnen Leitungsdrähte wurden mittels Glasisolatoren, die mittels Träger aus Holz oder Eisen auf Holzmasten montiert waren, isoliert geführt. Für Verbindungen zwischen einzelnen Städten konnten fallweise dafür auch die bereits vorhandenen Trassen von Telegraphenleitungen verwendet werden. In den Städten selbst waren eigene Masten zu errichten wobei über Dachgestänge die Leitungen auch über Häuser verlegt wurden. In Ballungszentren der Städte, besonders natürlich in New York City, kam es schon bald zu einer Überzahl von Telephonleitungen sodass neue Wege zur Unterbringung dieser gefunden werden mussten. Die Lösung dafür lieferten die Erdkabel. Die Anwendung von Kabeln war durch die Telegraphie um das Jahr 1900 bereits auf einem hohen Stand. Seit 1866 waren die USA bereits über Atlantikkabel telegraphisch an Europa angeschlossen und es existierte ein weltweites Kabelnetz durch die Meere. In den USA wurden ab 1880 Erdkabel auch für die Telephonie eingesetzt. In Städten wie New York City wurden diese in eigenen Röhren mit in Abständen angeordneten Schächten, die eine einfache Verlegung und Reparatur ermöglichten, verlegt.

(a)

(b)

(2.20) Broadway in New York mit Freileitungen 1880 (a), und nach der Verlegung mittels Erdkabel 1889 (b)

Es kann nicht das Ziel dieses Kapitels sein, genauer auf den Bau der damaligen Freileitungs- und Kabelnetze einzugehen. Es soll jedoch abschließend noch erwähnt werden, dass viel Erfindergeist und ein gehöriges Ausmaß an Forschung und Entwicklung notwendig war um das Telephonnetz effektiv zu gestalten und Weitverbindungen zu ermöglichen. Für lange Freileitungstrassen mit mehreren darauf geführten Leitungspaaren kamen Kreuzungspläne, die das Nebensprechen reduzierten, zur Anwendung. In Überlandkabel wurden in die einzelnen Leitungen zur Verringerung der Dämpfung in Abständen Pupinspulen eingesetzt, später ab dem Jahre 1914 kamen dafür bereits Verstärker mit Elektronenröhren zum Einsatz.

Erst im Jahre 1893 war es möglich geworden von New York City nach Chicago eine telephonische Verbindung herzustellen. Der amerikanische Kontinent von New York City nach San Francisco konnte telephonisch erst im Jahre 1914 mit dem Einsatz der von Western Electric entwickelten Röhrenverstärker überbrückt werden.

2.6 Automatische Telephonvermittlungen

Das 19. Jahrhundert war, die Physik der Informationstechnik betreffend, das Jahrhundert des Elektromagnetismus und der elektrischen Induktion. Erst gegen Ende kam es zu praktischen Versuchen mit elektromagnetischen Wellen, die in wesentlicher Weise die Funktechnik des 20. Jahrhunderts prägen sollten. Sowohl beim elektrischen Telegraph von Morse als auch beim Telephon von Bell war der Elektromagnet ein wesentlicher Baustein. Der Elektromagnet diente aber auch zur Konstruktion von Relais mit denen Schaltvorgänge und Steuerungen durchgeführt werden konnten. Ebenso war der Elektromagnet ein wesentlicher Baustein der Fallklappen der Telephon-Handvermittlungen. Die von Michael Faraday im Jahre 1831 entdeckte elektrische Induktion war die Grundlage für den Bau von Dynamos und Motore. Sie war aber auch die Grundlage für Transformatoren, die wesentlich für die Entwicklung der Wechselstromtechnik, wie diese von Ingenieuren wie Nikola Tesla und Charles Proteus Steinmetz in Amerika geprägt wurde. Es war daher nicht verwunderlich, dass in dieser Zeit von Erfindern die Idee verfolgt wurde, mittels des Elektromagnetismus durch die Verwendung der damit möglichen Elektromagnete und Relais eine Automatisierung der Schaltvorgänge, wie diese in Telephonvermittlungen bisher per Hand durchgeführt wurden, zu erreichen. Im Folgenden sollen zwei Beispiele dazu kurz beleuchtet werden.

Die Erfindung der automatischen Vermittlung durch Strowger

Almon B. Strowger (1839- 1902), einem Leichenbestatter aus Kansas City gebührt der Ruhm der Erfindung eines Vermittlungssystems das kein „Fräulein vom Amt“ mehr benötigte. Es wird berichtet, dass Strowger weil er beim Telephonieren mit den Beamtinnen in der Zentrale nicht zufrieden war, zum Erfinder wurde. Er wollte diese durch ein elektromechanisches System ersetzen. Dies führte ihn zur Konstruktion einer automatischen Vermittlung, bei dem jeder Teilnehmer selbst die Verbindung von zuhause aus herstellen kann. Strowger reichte dazu im Jahre 1889 das US Patent No. 447,918 ein, das schließlich im Jahr 1891 erteilt wurde. In diesem Jahr gründete Strowger auch die Firma „Strowger Automatic Telephone Exchange“ und konnte, auf der Grundlage seines Patentes in La Porte, Illinois, ein Vermittlungsamt einrichten das bereits im November 1892 in Betrieb ging. Diese automatische Vermittlung, obwohl deren Funktion als nicht befriedigend angesehen wurde, gilt als das erste Amt des Strowger Systems. Für Strowger, der keine besonderen technischen

Fähigkeiten hatte, war es ein Glück, dass im Jahre 1892 Alexander E. Keith in seine Firma eingetreten war. Keith wurde zu einem wichtigen Mitarbeiter. Zwei Jahre später traten auch die Brüder John und Charles J. Erickson in die Firma ein. Zusammen mit Keith führten diese für die „Strowger Automatic Telephone Exchange" erfolgreich die Weiterentwicklung des Systems durch. Als Resultat entstand die uns heute bekannte Form des Strowger Wählers. Auch die dafür notwendige Wählscheibe wurde mit einem Patent vom Jahre 1896 eingeführt.

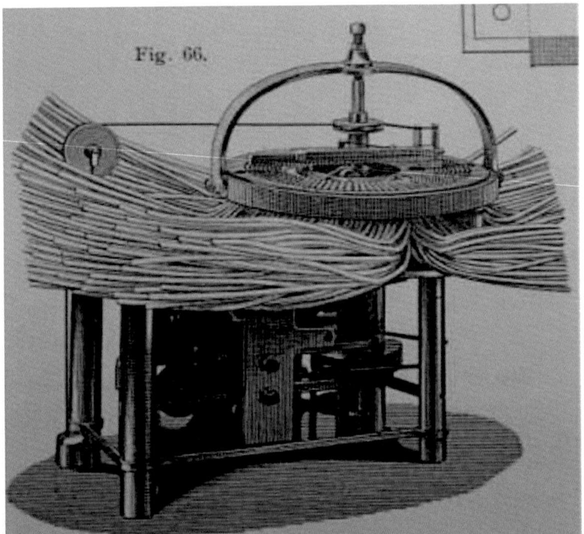

(2.21) Strowger-Wähler des Amtes von La Porte, Weltausstellung in Chicago 1893

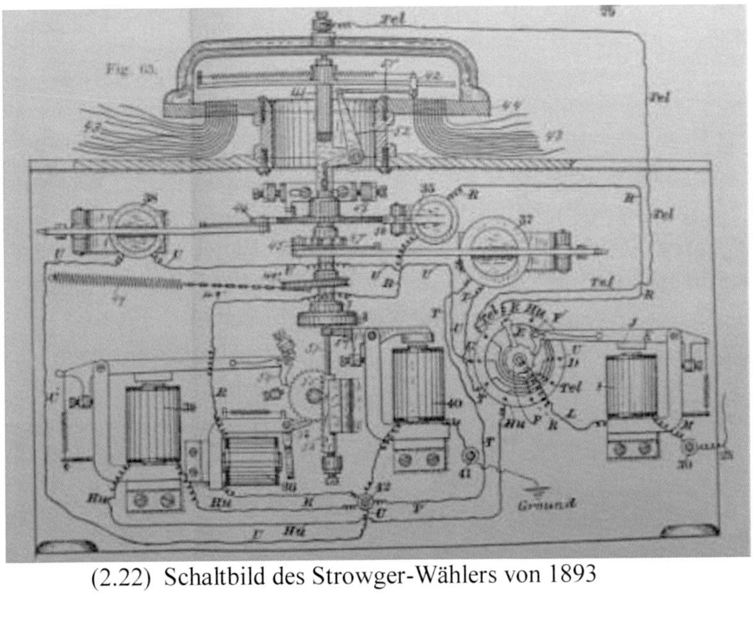

(2.22) Schaltbild des Strowger-Wählers von 1893

Im Jahre 1901 ging die Firma von Strowger in die „Automatic Electric Company“ über, eine Firma die bis zum Jahre 1936 Komponenten des Strowger Systems erzeugte. Neben kleineren „Strowger-Zentralen“ von bis zu 1000 Teilnehmern, wurden auch große Zentralen in den Jahren von 1900 bis 1903 erfolgreich in Betrieb genommen, so jeweils eine 10.000´er Zentrale in New Bedford, in Fall River, Mass. und in Chicago, Illinois. Bekanntlich wurde das Strowger System auch in Europa, da besonders in Deutschland und in Österreich, sehr erfolgreich eingesetzt.

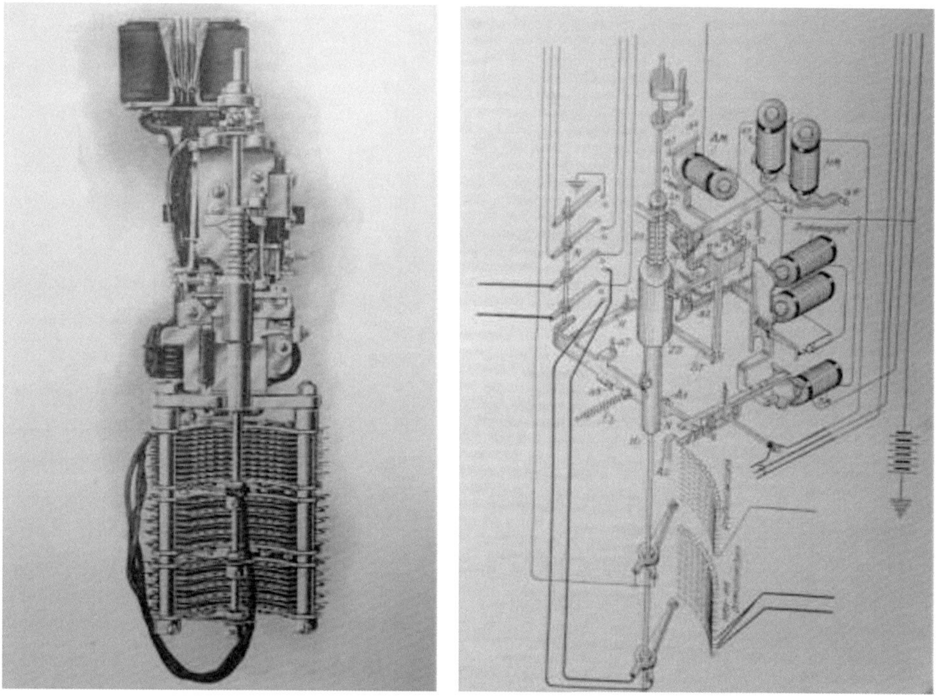

(2.23) Strowger Wähler der „Automatic Electric Company“

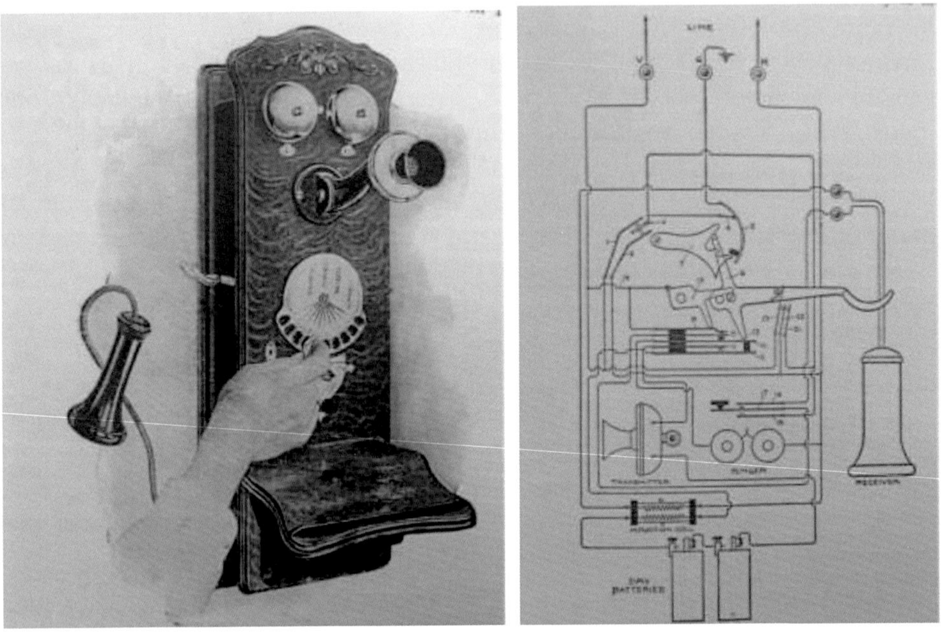

(2. 24) Wandapparat der „Automatic Electric Company“

Es stellt sich hier die Frage, warum die mächtige American Telephone and Telegraph Company, also die AT&T, zunächst kein besonderes Interesse an der automatischen Vermittlung von Strowger hatte. AT&T hatte wohl im Jahre 1902 an seinen Zulieferer Western Electric den Auftrag gegeben, eine 10.000´er Strowger Zentrale zu entwickeln, jedoch wurden nur vereinzelt kleinere Zentralen mit einem „step by step“ Verbindungsaufbau, wie dieser für das Strowger System typisch ist, in Betrieb genommen. Eine Analyse der Frage, warum AT&T lange Zeit bei Handvermittlungen blieb, zeigte, dass dies hauptsächlich ökonomische Gründe hatte. Die von Western Electric gelieferten Handvermittlungen waren technisch ausgereift und versahen ihren Dienst sehr gut. Auch vermutete man, dass die Steuerung des Verbindungsaufbaus durch den erforderlichen Wählvorgang, von den Teilnehmern als unangenehme Aufgabe angesehen würde. Bekanntlich war aber genau das Gegenteil der Fall. Die Telefonbenutzer der Zeit setzten auf die Technik der Automation ihr Vertrauen und vermissten keineswegs den „Operator“, das „Fräulein vom Amt“.

Die automatische Telephonvermittlung der Brüder Lorimer

Neben dem Strowger System gab es in dieser Zeit auch andere Versuche zur Errichtung automatischer Vermittlungen. Von diesen soll das System der Brüder Lorimer, das zum Herstellen einer Gesprächsverbindung einen zentralen Antrieb durch Elektromotore einsetzte, noch kurz behandelt werden. Die Brüder George, James und Egbert Lorimer aus Brantford, Ontario, waren technisch sehr interessiert und traten in Kontakt zu Romaine Callender, der als Musiklehrer mit der Konstruktion von automatischen Orgeln befasst war und auch versuchte eine automatische Telephonvermittlung zu entwerfen. Dazu wurden ihm in den Jahren 1892,1894 und 1896. Patente erteilt. Nachdem sich keine Erfolge zu einer Verwertung derselben einstellten, übernahmen die Brüder Lorimer die Agenden von Callender und gründeten im Jahre 1899 die „American Machine Telephone Company“. Im April 1900 erhielten sie für die von ihnen verbesserte Konstruktion einer automatischen Vermittlung im April ein US Patent. Die Konstruktion benutzte als „selector“ eine Art Drehwähler mit drei Schaltarmen, die zur Durchschaltung des Gespräches und für die Signalisierung dienten. Ein wesentlicher Unterschied dieser Erfindung zu den späteren Strowger Vermittlungen war, dass die einzelnen in einer vertikalen Bank angeordneten Wähler nur eine Drehbewegung durchführten und zentral von einem Elektromotor angetrieben wurden. Die Einschaltung und Ausschaltung der Drehung der Schaltarme geschah durch eine von einem Elektromagneten gesteuerte Kupplung. Die Teilnehmerapparate hatten zu Abgabe der Wahlimpulse keine Wählscheibe. Die Impulse wurden mit dem „number-setting device“ durch Einstellen von Hebeln festgelegt und dann nacheinander abgesendet. Es wurden einige Lorimer Vermittlungszentralen in den USA und auch in Europa in Betrieb genommen, jedoch blieb der große Erfolg aus. Bereits im Jahre 1903 wurden die Lorimer Patente von Western Electric erworben. Leider scheint sich kein Beispiel dieses Systems erhalten zu haben. Die noch in Publikationen zu findenden wenigen Zeichnungen geben aber ein Bild dieses Systems, das als erstes Vermittlungssystems auf der Basis von Maschinen-Wähler gelten kann. Von den bekannten Experten für Telephonvermittlungen Fritz Lubberger und Kempster B. Miller bekam die Lorimer Vermittlung großes Lob. Es wurde darin festgehalten, dass dieses System viele Eigenschaften vorwegnahm, die bei späteren Systemen, wie den erfolgreichen PANEL und ROTARY -Vermittlungen von Western Electric, wesentlich wurden.

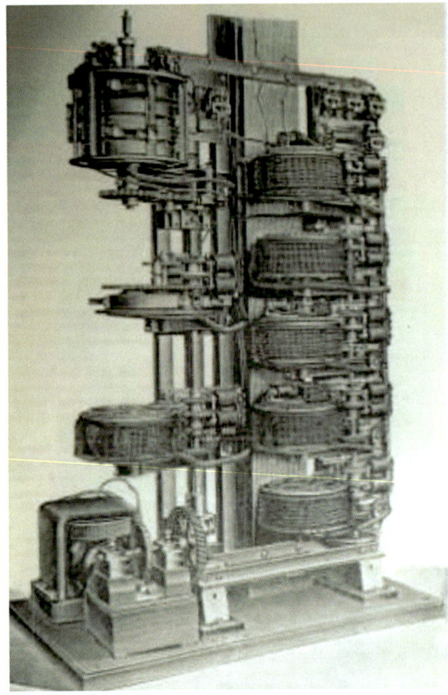

(2.25) automatische Vermittlung der Brüder Lorimer (kleine Ausführung)

(2.26) Lorimer Vermittlung, größere Ausführung

Schriften zu Kapitel 2

M.D. Fagen (Ed.): A History of Engineering and Science in the Bell System.
The Early Years (1875- 1925), Bell Laboratories Inc. 1975
Frederick Leland Rhodes: Beginnings of Telephony.
Harpers & Brothers Publishers, New York 1929
Kempster B. Miller: American Telephone Praxis. New Mc Graw Hill Publ. 1905
J.E. Kingsbury: The Telephone and Telephone Exchanges.
Their Invention and Development
Longmans, Green, and Co, London 1915
Robert J. Chapuis: 100 Years of Telephone Switching.
Part 1: Manual and Electromechanical
Switching (1878- 1960´s)
North Holland Publishing Company, 1982
Arthur Bessey Smith und F. Aldendorff: Automatische Fernsprechsysteme.
Ihre Entwicklung bis zur Gegenwart. I. Lieferung. 1910
Nachrichtentechnik: Sonderausgabe des ZweiburgenVerlages, Weinheim 1991

3. Die Zeit der Handvermittlungen in Österreich

3.1 Die Anfänge der Telephonie in Österreich

Die Erfindung des Telephons in Amerika im Jahre 1876 durch Graham Bell beschäftigte sogleich auch die Techniker und Wissenschaftler an den österreichischen Universitäten und Technischen Hochschulen. So führte bereits im Jahre 1877 am Physikalischen Institut der Technischen Hochschule Wien Franz Nissl das Bell´sche Telephon vor. Ebenso geschah dies im gleichen Jahr an der Universität Innsbruck durch den Innsbrucker Professor für Physik Leopold Pfaundler. Auch an der k.k. Technischen Hochschule in Graz, war das Bell Telephon im Jahre im Jahre 1878 Gegenstand der von Professor Pöschl gehaltenen Vorlesung über „Technische Physik“. Bereits im Jahre 1881 wurde in Wien das für den Post- und Telegraphendienst zuständige k.k.Handelsministerium an die neu gegründete Wiener Privat Telephongesellschaft eine Konzession für die Einrichtung von Telephonanlagen erteilt. Mit 1. Dezember 1881 gab es bereits eine Vermittlung in Wien, Friedrichstrasse 6, an der 154 Teilnehmer angeschlossen waren. Die Teilnehmerzahl stieg rasant sodass es im Jahre 1882 bereits an die 1000 Teilnehmer gab.

(3.1) Vermittlung Wien Friedrichstrasse 1885
errichtet von der Firma Czeija, Nissl & Co

Neben der Wiener Privat Telephongesellschaft wurde die Konzession zur Errichtung von Telephonanlagen auch an eine englische Gesellschaft vergeben. Von dieser wurden im Jahre 1882 in Graz, Prag und Triest, 1983 in Lemberg, Czernowitz, Pilsen und Reichenberg das Telephon eingerichtet. Von der Wiener Privat-Telegraphengesellschaft wurde in Brünn ein Telephonnetz eingerichtet. Schließlich wurde von privater Seite im Jahre 1885 auch in Linz zusammen mit Urfahr ein Telephonnetz für 100 Teilnehmer errichtet.

3.2 Übernahme des Telephons durch den Staat

Im Jahre 1887 wurde vom k.k. Handelsministerium, dem Ministerium das für die Post und die Telegraphie zuständig war, die „Telegraphenverordnung“ erlassen in der festgehalten war, dass das Telephon als öffentliches Mittel zur Kommunikation der Telegraphie gleichgestellt wird. Damit wurde die Einrichtung von Telephonanlagen und deren Betrieb eine staatliche Angelegenheit. Die Städte Salzburg und Wels bekamen 1889 als erstes vom Staat das Telephon. Die bisher damit befassten 11 Privatfirmen wurden nach und nach in staatlich geführte Betriebe umgewandelt sodass im Jahre 1895 alle Telephonnetze der k.k. Monarchie zur Post- und Telegraphenverwaltung gehörten. Mit der Einrichtung des Telephons in den größeren Städten der k.k. Monarchie entstand auch der Wunsch in kleineren Städten und in den umliegenden ländlichen Ortschaften Telephonnetze zu errichten. Bei einer geringen Zahl von Teilnehmern waren OB Vermittlungen, bei denen ein Gesprächswunsch mittels einer Fallklappe angezeigt, wurde in Verwendung. Im Falle eines ZB Betriebes traten an deren Stelle Glühlampenschränke, bei denen ein Gesprächswunsch eines Teilnehmers durch das Leuchten einer Glühlampe angezeigt wurde. Die Bedienung dieser Vermittlungen erfolgte bei kleinen Ämtern zusammen mit dem bestehenden Postdienst.

(3.2) OB Klappenschrank

(3.3) ZB Glühlampenschrank

Im Jahre 1899 erfolgte in Wien die Schließung des Amtes Friedrichstrasse und der Bau einer Vermittlung in der Dreihufeisengasse für 12.000 Anschlüsse. Ebenso wurde 1899 die Vermittlung am Börseplatz geschlossen und der Bau einer Vermittlung für 3000 Teilnehmer in der Berggasse durchgeführt. Es folgten der Bau von Nebenzentralen in Hietzing, Meidling, Floridsdorf, Simmering, Döbling und Ottakring und die Erweiterung der beiden Hauptzentralen auf 24.000 Teilnehmer. Die Teilnehmerzahlen stiegen in Wien ständig an. Ausgehend im Jahre 1881 von 154 Teilnehmern gab es 1891 bereits 11.095 Teilnehmer und im Jahre 1901 34.651 Teilnehmer. Aus der Not an Teilnehmerleitungen wurden in der Zentrale Meidling Zweier- und Vierer Anschlüsse eingerichtet wobei die Möglichkeit des Mithörens in Kauf genommen wurde.

(3.4) Glühlampen-Handvermittlung

3.3 **Teilnehmer Apparate**

In den ersten Jahren des Telephons in der k.k. Monarchie gab es die verschiedensten Bauformen der Teilnehmerapparate. Die Erzeugung erfolgte durchwegs von österreichischen Firmen wobei in Wien besonders die Firma von Otto Schäffler, die Firma Kremenezky und die Firma Czeija, Nissl & Co zu nennen sind. In den ersten Jahren waren die Teilnehmer-Apparate zur Mikrophonspeisung mit einer eigenen Batterie von galvanischen Elementen ausgerüstet. Man sprach von einem „OB- Betrieb“ (OB weist auf eine „Ortsbatterie“ hin) Ein Verbindungswunsch musste durch einen „Ruf“ mittels einer im Teilnehmerapparat vorhandenen magnetelektrischen Maschine, dem „Kurbelinduktor“ der Vermittlung mitgeteilt werden. Bei einem „ZB-Betrieb“

(ZB weist auf die „Zentralbatterie“ hin), erfolgt die Mikrophonspeisung über das Vermittlungsamt mittels der dortigen Zentralbatterie. Ein Verbindungswunsch wird in diesem Fall durch Bildung einer Schleife im Teilnehmerapparat erzeugt wodurch in der Vermittlung als Anzeige eine Glühlampe an der entsprechenden Teilnehmerklinke aufleuchtet.

(3.5)

(3.6)

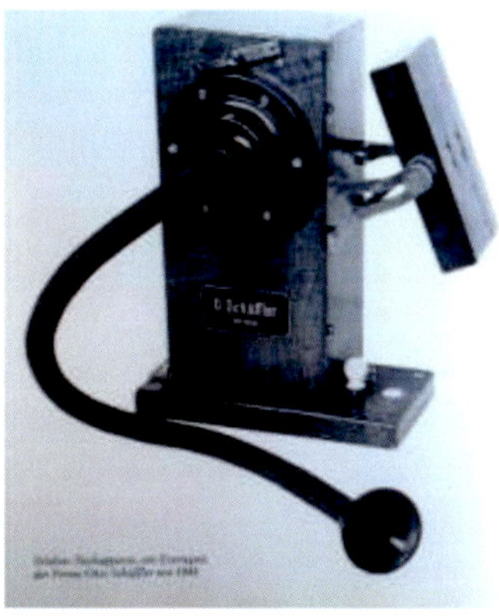

(3.7)

Telephonapparate für Handvermittlungen

3.4 Aufbau der Fernverbindungen in Österreich

Mit der Versorgung der einzelnen Städte und Ortschaften mit dem Kommunikationsmittel „Telephon“ entstand auch der Wunsch nach Fernverbindungen zwischen den einzelnen Städten und Ortschaften der k.k. Monarchie. Von Wien aus wurde 1890 eine Fernverbindung nach Prag, 1892 nach Triest und 1893 nach St. Pölten hergestellt. Die erste internationale Telephonverbindung wurde im Jahre 1894 zwischen Wien und Berlin eingerichtet.

In größeren Ämtern wurde zusätzlich ein „Fernamt“ errichtet, das in Verbindung mit den jeweiligen Ortsämtern stand. Das erste Fernamt in Wien befand sich im Gebäude der Telegraphenzentrale am Börseplatz. Für die Übertragung der Ferngespräche konnten zuerst die bereits für die Telegraphie vorhandenen Freileitungs-Verbindungen verwendet werden. Infolge des Anstiegs des Fernverkehrs war es später jedoch notwendig diese zu ergänzen. Im Falle dass mehrere Doppelleitungen parallel geführt wurden, war es zur Verhinderung von Nebensprechen notwendig, diese nach einem Plan zu kreuzen. Technisch geschah dies durch die Anbringung von Schleifenkreuzungen sowie durch Platzwechsel nach oben oder zur Seite.

Neben den Freileitungen wurden schließlich auch Erdkabel zur Herstellung von Fern-Verbindungen eingesetzt. Das erste Fernkabel wurde im Jahre 1916 von Wien über St. Pölten und Linz nach Nürnberg gelegt. Wegen des Ausbruchs des Ersten Weltkrieges konnte dieses jedoch erst im Jahre 1926 in Betrieb genommen werden. Da eine Kabelverbindung gegenüber Freilungen eine größere Dämpfung der Sprechströme verursacht war es bei Kabelleitungen notwendig im Abstand von etwa 1-2 km an die einzelnen Doppelleitungen des Kabels Spulen (Pupinspulen) zur Erhöhung der Induktivität einzuschalten. Nach der Erfindung der Elektronenröhre konnten zur Erzielung großer Reichweite Röhrenverstärker in das Kabel eingeschaltet werden. Neben den Pupinspulen gehörten also die im Abstand von etwa 70 km eingeschalteten Verstärkerämter zu der Ausstattung von Kabel- Fernverbindungen.

Schriften zu Kapitel 3

Christine Kainz: Österreichs Post . Verlag Christian Brandstätter, Wien 1995
Fernmeldetechnik: Lernbehelf für die Telegraphendienstprüfung II
Generaldirektion für die Post- und Telegraphenverwaltung, Wien 1955

4. Einführung der automatischen Vermittlung in Deutschland

4.1 Versuchsämter der deutschen Reichspost

Wie bereits in Kapitel 2 ausgeführt wurde, wurde das von Almon Strowger erfundene automatische Vermittlungssystem für die Telephonie durch die im Jahre 1901 gegründete Firma „Automatic Electric Company“ in den USA erfolgreich in verschiedenen Städten eingesetzt. Man bemühte sich dieses System auch in England durch Ausstellungen bekannt zu machen. Die deutsche Reichspost hatte bereits im Jahre 1898 die Gelegenheit in London eine solche Ausstellung zu besuchen. In der Folge wurde der Plan gefasst in Berlin ein Versuchsamt für 400 Teilnehmer zu errichten. Dieses konnte bereits im Jahre 1900 in Betrieb gehen. Zu der technischen Ausführung dieses Amtes soll hier nur erwähnt werden, dass die Mikrophonspeisung der Teilnehmer-Apparate durch eine eigene lokale Batterie erfolgte, es handelte sich also um ein OB-Amt. Die Steuerung der Wähler erfolgte mit einer Spannung von 220 Volt. Eine weitere Eigenschaft dieses Versuchsamtes war, dass die Teilnehmerleitungen einen gleichen Schleifenwiderstand aufzuweisen hatten. Durch eingeschaltete entsprechende Widerstände konnte dieser hergestellt werden. Trotz dieser im Versuchsamt zu erfüllenden Bedingungen war die Reichspost dennoch an der Weiterführung der Versuche interessiert. Bereits im Jahre 1906 wurde deshalb eine weitere automatische Vermittlung für 10.000 Teilnehmer versuchsweise in Betrieb genommen. Diesmal mit einer mit einer Batterie von 60 Volt Spannung zur Steuerung der Wähler. Auch konnten die Schleifenwiderstände der Teilnehmeranschlüsse verschiedene Werte haben. Zur Erfassung einer Gebühr für die Teilnehmer wurde nur die Zahl der geführten Gespräche herangezogen. Als Versuchsamt diente es nur als solches für eine geschlossene Gruppe von Anschlüssen mit etwa 100 Teilnehmern. Eine Integration in das bestehende Telephonnetz wurde nicht versucht. Als Resultat kam man jedoch zur Auffassung, dass die Errichtung eines automatischen Vermittlungsamtes, das in den öffentlichen Telephonverkehr integriert werden konnte, verfolgt werden sollte.

4.2 Das Amt Hildesheim vom Jahre 1908

Im Jahre 1905 wurde von der Reichspost dem Konsortium bestehend aus der Firma Loewe & Co, Berlin, und der Deutschen Waffen- und Munitionsfabrik Karlsruhe, das für Deutschland die Rechte der amerikanischen Patente für das Strowger System besaß, der Auftrag erteilt, in Hildesheim ein automatisches Vermittlungsamt nach amerikanischen Muster einzurichten. Die technische Ausführung hatte dabei von der Deutschen Waffen- und Munitionsfabrik Karlsruhe zu erfolgen. Bereits im Jahre 1908 konnte als erste öffentliche automatische Telephonvermittlung das Amt Hildesheim in Betrieb gehen. Die ersten Tage des Betriebes waren nicht reibungslos. Der Ansturm auf die Herstellung von Verbindungen führte zu Stromausfällen, da die Stromleitungen von der Batterie zu den Wählern überlastet waren. Das Amt Hildesheim war, wie auch die vorher gebauten Berliner Versuchsämter ein OB-Amt. Konzipiert als ein 1.000´er Amt benötigte das Amt neben dem Leitungswähler auch einen Gruppenwähler. Nach dem damaligen technischen Stand, wurde jedem Teilnehmer ein Gruppenwähler fest zugeordnet.

(4.1) Wählamt Hildesheim 1908

Erst im Jahre 1912 wurde das Amt Hildesheim durch die Einschaltung von 300 Vorwählern erweitert, womit man auch die Teilnehmerzahl vergrößern konnte. Weitere Erweiterungen durch Vorwähler und Gruppenwähler erfolgten später in der Zeit des Ersten Weltkrieges. Im Jahre 1924 wurde schließlich das Amt Hildesheim durch eine neue Anlage ersetzt. Das Amt Hildeheim gilt als erste automatische Vermittlung in Europa. Die technische Weiterentwicklung der automatischen Vermittlungen in Deutschland wurde von der deutschen Reichspost der Firma Siemens & Halske übertragen. Diese wiederum richtete mit anderen deutschen Firmen, so z.B. mit der Firma Mix & Genest eine Partnerschaft ein.

4.3 Halbautomatische Vermittlung

Die Umstellung eines bestehenden größeren Vermittlungsamtes von einer Handvermittlung auf eine automatische Vermittlung erfordert zwangsweise den Austausch aller Teilnehmerapparate. Diese mussten u.a. mit einer Wähleinrichtung, die zu der Steuerung der Wähler erforderlich ist, ausgestattet sein. Im Falle des Strowger Systems wurde diese mit einer Wählscheibe realisiert. Die dafür zu zahlenden amerikanischen Patentgebühren waren sehr hoch. Diese Umstände führten in der Zeit des Ersten Weltkrieges und auch in den Nachkriegsjahren zur Einrichtung von halbautomatischen Vermittlungen. Bei diesen konnten die bisherigen an eine Handvermittlung angeschlossenen Teilnehmerapparate weiterhin eingesetzt werden. Die Durchführung der Wahl wurde dem Amt übertragen. Mit dem Anmelden eines Verbindungswunsches durch Abheben des Hörers erreichte der Teilnehmer eine Beamtin der automatischen Vermittlung, die nach der Nennung der gewünschten Nummer die Wahl selbst durchführte und durchschaltete. Für die Wahl wurde ein Zahlengeber mit dem rasch die nötigen Wählimpulse erzeugt wurden, eingesetzt. In dieser Weise wurden in Hamburg, Dresden, Berlin und Posen die bestehenden Handvermittlungen durch halbautomatische Vermittlungen ergänzt oder ersetzt.

(4.2) Vermittlungsplatz mit Zahlengeber bei einem halbautomatischen Amt

4.4 **Vom Strowger Wähler zum Viereckwähler**

Der Strowgerwähler der amerikanischen Firma Automatic Electric Company, wie solche im Amt Hildesheim eingesetzt wurden, benötigte für das Heben, Drehen, Steuerung und für die Auslösung der Schaltarme vier Elektromagnete. Diese erforderten einen großen Platzbedarf und erschwerten durch ihre Anordnung auch die Wartung. Von Siemens & Halske wurde deshalb ein Strowgerwähler der nur drei Elektromagnete benötigte, erzeugt. Die Steuerung und weitere Schaltfunktionen wurden durch Relais in einem eigenen zugehörigen Relaissatz durchgeführt. Auch die Partnerfirma Mix & Genest Stuttgart erzeugte eine verbesserte Version des amerikanischen Strowgerwählers, ebenso die österreichische Firma Siemens & Halske Wien, dem österreichischen Vertreter des Siemens Konzerns, die dafür den vom österreichischen Post- und Telegraphenbeamten Gottlieb Dietl erfundenen Wähler („Dietl Wähler") mit zugehörigem Relaissatz einsetzte. Ein Kennzeichen aller dieser Strowgerwähler ist, dass die Schaltarme nach der Steuerung auf einen gewünschten Kontaktplatz bei der Auslösung des Wählers am Schluss einer Verbindung wieder den gleichen Weg zurückgehen. Dies bedeutete eine ungleiche Abnützung der Kontaktbank. Von Siemens & Halske wurde deshalb bereits im Jahre 1926, später in verbesserter und verkleinerter Form im Jahre 1927, ein Wähler entwickelt, dessen Schaltarme bei Auslösung die Drehbewegung fortsetzen und dann durch Abfallen und anschließend durch Federkraft wieder in ihre Ausgangslage zurückkehren. Die Schaltarme beschreiben so einen Weg im Viereck. Die von Siemens & Halske und den Partnerfirmen nach dem Jahre 1927 erzeugten automatischen Vermittlungsämter benutzten diesen Viereckwähler zusammen mit dem erforderlichen Relaissatz.

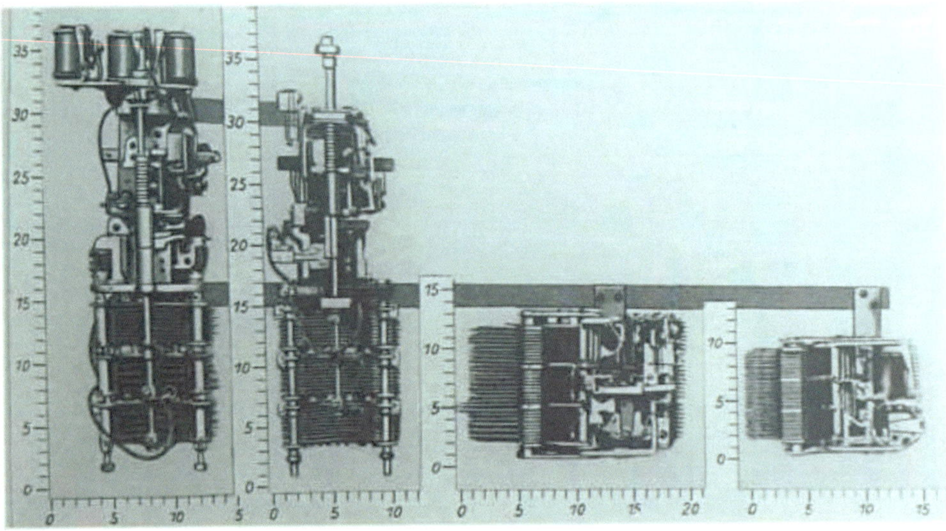

(4.3) Strowger 1908 S&H 1922 S&H 1926 S&H 1927

Schriften zu Kapitel 4

A. Kruckow: Die Selbstanschluss- und Wählereinrichtungen im Fernsprechbetriebe, Braunschweig 1911.
Nachdruck des Deutschen Telefon Museums, Morbach, Deutschland
Erwin Horstmann: 75 Jahre Fernsprecher in Deutschland
Bundesministerium für Post- und Fernmeldewesen, 1952
100 Jahre Fernsprecher in Deutschland. Sonderdruck „Archiv für deutsche Postgeschichte“ Heft 1/1977, Bundespostmuseum Frankfurt 1977

5. Die automatischen k.k. Staatstelephon-Zentralen System Dietl

5.1 Gottlieb Dietl und seine Erfindung

Gottlieb Dietl wurde am 19.10.1862 in Käsmark (heute Kezmarok, Slowakische Republik) gehörig) geboren. Nach dem Studium an der Technischen Hochschule Wien im Fach Maschinenbau und einer anschließenden Tätigkeit als Hochschulassistent war er in den Jahren 1888 bis 1890 als Ingenieur in Argentinien tätig. Nach seiner Rückkehr trat er 1892 in den Dienst der österreichischen Post- und Telegraphenverwaltung ein, wo er bis zum Leiter des technischen Versuchswesens aufstieg. Im Jahre 1903 verbrachte Gottlieb Dietl einige Monate zu Studienzwecken bei der Edison Company in den USA. In diese Jahre fällt auch seine Erfindung zum Bau einer automatischen Telephonvermittlung. Bereits im Jahre 1905 konnte Dietl in Wien ein Versuchsamt für 200 Teilnehmer in Betrieb nehmen. Von Siemens & Halske Wien wurde daraufhin die industrielle Produktion des Systems erfolgreich durchgeführt. Die automatische Vermittlung nach dem „System Dietl“, die im nächsten Abschnitt behandelt wird, wurde in Wien, Graz und Linz erfolgreich eingesetzt. Gottlieb Dietl war es gelungen seine Patente an die Firma Siemens & Halske Wien um etwa 120.000 Kronen zu verkaufen. Im Jahre 1916 wurde im k.k. Handelsministerium Gottlieb Dietl zum Hofrat ernannt. Gottlieb Dietl starb in Wien am 25.5. 1946. Dipl.Ing. Gottlieb Dietl, hat mit seinem Patent und seiner Arbeit im Versuchsamt der österreichischen Post- und Telegraphenverwaltung ohne Zweifel einen wesentlichen internationalen Beitrag zur Automatisierung der Telephonvermittlung geleistet.

5.2 Das automatische Vermittlungssystem nach dem System Dietl

Wie bereits angeführt hat Gottlieb Dietl in seiner Stellung bei der k.k. Post- und Telegraphenverwaltung ein eigenes System eines automatischen Vermittlungssystems entworfen. Als Vorbild dienten ihm die in Amerika bereits eingesetzten

Systeme der Firma Automatic Electric Company, die auf das vom amerikanischen Erfinder Strowger entwickelte System aufbauten. Für die dabei gemachten Erfindungen hat Dietl entsprechende Patente erhalten. In Wien und Graz wurden im Auftrag der k.k. Post- und Telegraphenverwaltung in den Jahren 1912 bzw. 1910 Vermittlungsämter des „System Dietl" von den österreichischen Firmen Siemens & Halske Wien und Czeija,Nissl & Co, Wien, gebaut und in Betrieb genommen. Ein von der Siemens & Halske AG Wien herausgegebenes Buch vom Oktober 1914 (Bearbeiter Oberingenieur Karl Preyer) beschreibt das System in genauer Weise. Dem Inhalt dieses Buches folgend soll in den nachfolgenden Abschnitten die wesentlichen Eigenschaften dieses System in kurzer Form beschrieben werden.

Als wesentlicher Punkt ist anzuführen, dass Dietl den Strowgerwähler, wie er von der amerikanischen Firma „Automatic Electric Company" vorlag und der in Deutschland im Amt Hildesheim eingesetzt wurde, wesentlich verbesserte. Das Magnetsystem zur Steuerung der Kontaktbürsten wurde auf drei Magnete reduziert und die Höhe des Wählers wurde wesentlich verringert. Der „Dietlwähler" war aber weiterhin ein Hebdrehwähler, der wie auch der Strowgerwähler bei Auslösung die Kontaktbürsten auf gleichem Wege zurückführte. Die automatische Vermittlung nach Dietl benutzte zur Anpassung an den Verkehr von vornherein Vorwähler.

Zur Umrüstung von großen Telnehmernetzen wurde von Dietl neben einem vollautomatischen System auch ein halbautomatisches System entwickelt, bei dem die Wahl von Vermittlungsbeamtinnen mittels Wählmaschinen durchgeführt wurde. Schließlich verbesserte Dietl das bereits bestehende System der Gesellschaftsanschlüsse, wobei nun ein Mithören der parallel angeschlossenen Teilnehmer ausgeschlossen wurde. Das in Wien im Jahre 1912 eingeführte halbautomatische Vermittlungsamt für 10.000 Teilnehmer wurde von der Firma Siemens & Halske in dem bereits erwähnten Buch genau beschrieben. Neben Fotos sind auch genau Schaltpläne zur Beschreibung der Funktionen der einzelnen Relaisschaltungen dort enthalten.

(5.1) Buchveröffentlichung zum Dietl System, S&H Wien, 1914

5.3 Funktion der automatischen Einrichtungen des Systems Dietl

Im Folgenden gehen wir nach dem von der Siemens & Halske Aktiengesellschaft Wien, Abteilung für Automatische Telephonie, herausgegebenen Buch vor. Es kann uns dabei nur darum, die wesentlichen Punkte, die das von Dietl erfundene System auszeichnen, anzuführen. Der große Anteil, der dabei ohne Zweifel von den Ingenieuren von Siemens & Halske Wien in der finalen Entwicklung der Relaisschaltungen noch zu leisten war, kann leider hier nicht gewürdigt werden.

5.3.1 Teilnehmer Apparat

Der Teilnehmerapparat besteht im Falle des halbautomatischen Systems aus einem gewöhnlichen ZB- Apparat mit Ruftaste, wie er bereits im Betrieb mit einer Handvermittlung in Verwendung stand. Die folgenden Bilder zeigen einen solchen Apparat samt zugehörigem Schaltbild.

(5.2) Teilnehmer Apparat zum halbautomatischen System Dietl

(5.3) Inneres des Apparates

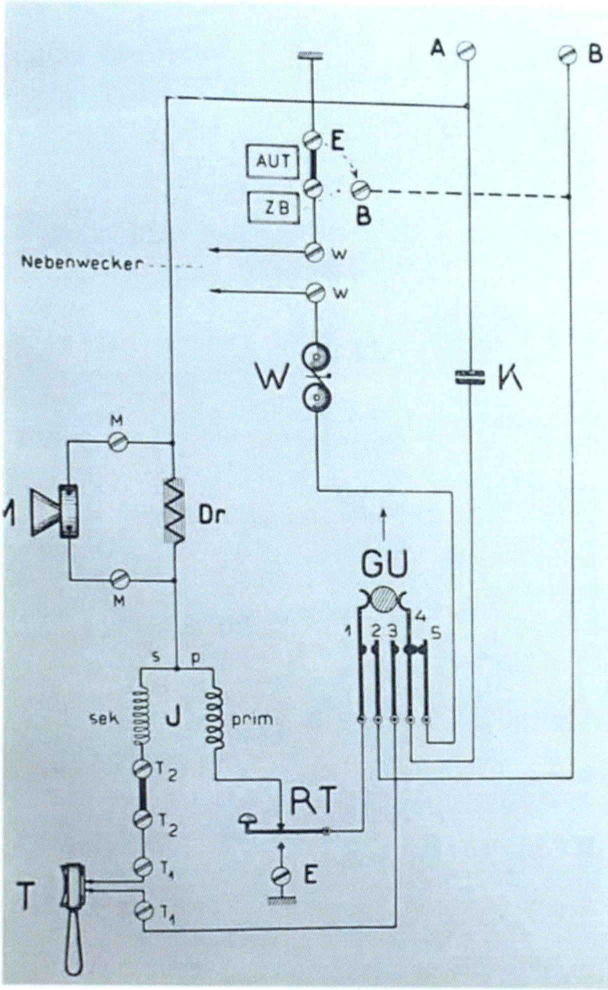

(5.4) Schaltbild des Teilnehmer Apparates

Im Falle eines vollautomatischen Systems, muss der Teilnehmer Apparat über eine Einrichtung verfügen, die die einzelnen Wahlimpulse zur Steuerung der Vermittlung erzeugt. Die von der amerikanischen Firma „Automatic Electric Co" dazu eingesetzte Nummernscheibe, die auch in Deutschland im Amt Hildesheim verwendet wurde, konnte im System von Dietl, da die dafür zu bezahlenden Patentgebühren sehr hoch waren, zunächst nicht eingesetzt werden. Dietl verwendete dafür einen eigenen Teilnehmer Apparat bei dem die einzelnen Ziffern der anzuwählenden Station zuerst mit Stellhebeln einzustellen waren. Ein Federwerk ermöglichte anschließend die Aussendung der zugehörigen Wahlimpulse. Stellhebel-Apparate dieser Art wurden nur in der 1910 in Graz eingerichteten Dietl Vermittlung eingesetzt.

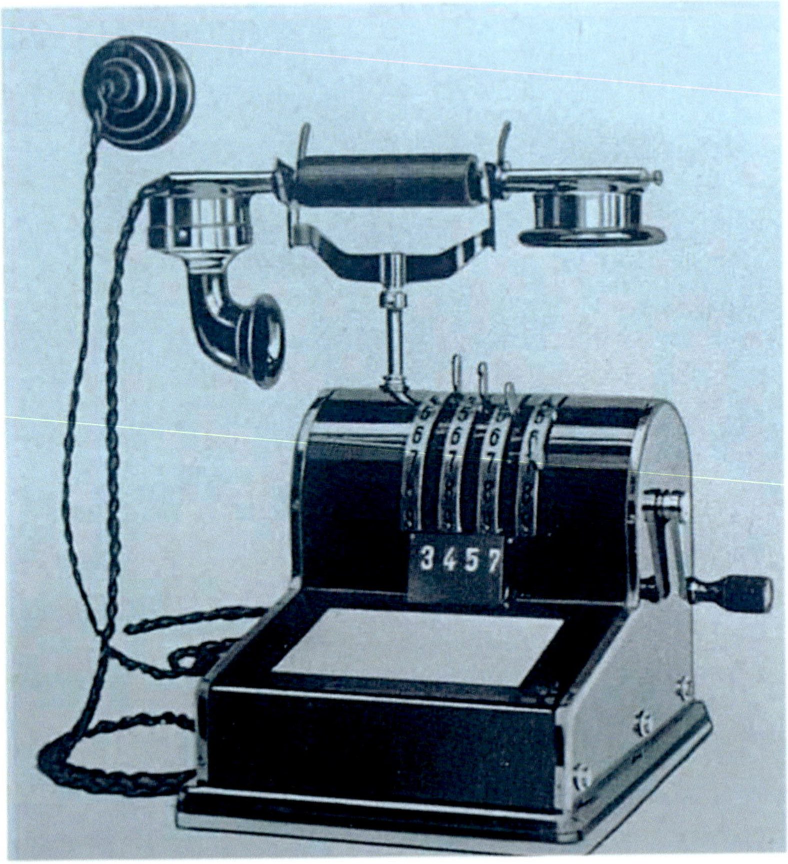

(5.5) Stellhebel-Apparat für das System Dietl

Wir beschreiben in den nächsten Abschnitten, dem Buch von Siemens & Halske folgend, nur den Verbindungsaufbau bei einem halbautomatischen Amt nach dem System Dietl.

5.3.2 Vorwähler

Mit Drücken der Ruftaste des Teilnehmer Apparates wird in der Vermittlung der Vorwähler in Betrieb gesetzt. Dieser besteht aus einem 12 teiligen Drehwähler und einem zugehörigen Relaissatz mit insgesamt vier Relais. Die für den Drehmagneten nötigen Stromimpulse werden durch einen eigenen Relaisunterbrecher erzeugt. Von den drei Schaltarmen a, b und c des Vorwählers sind die Arme a und b für die Durchschaltung der Sprechadern zuständig, während über den Arm c das Aufprüfen zur Feststellung eines freien 1. Gruppenwählers erfolgt. Ist ein solcher gefunden spricht das C-Relais an und mit dem Verbindungsrelais V werden die Sprechadern zum 1. Gruppenwähler durchgeschaltet. Das C-Relais bleibt während der gesamten Verbindung angezogen und schaltet auch eine Prüflampe am Vorwähler ein, sodass dessen Besetztsein angezeigt wird. Bei halbautomatischem Betrieb wird mit der Belegung des 1. Gruppenwählers gleichzeitig ein diesem zugeordneter Platzwähler belegt, der einen freien Arbeitsplatz zur Durchführung der Wahl durch eine Manipulantin sucht. Vom rufenden Teilnehmer wird der Manipulantin die gewünschte Rufnummer mündlich durchgegeben, worauf diese mittels einer Wählmaschine, die später noch genauer beschrieben wird, durchführt.

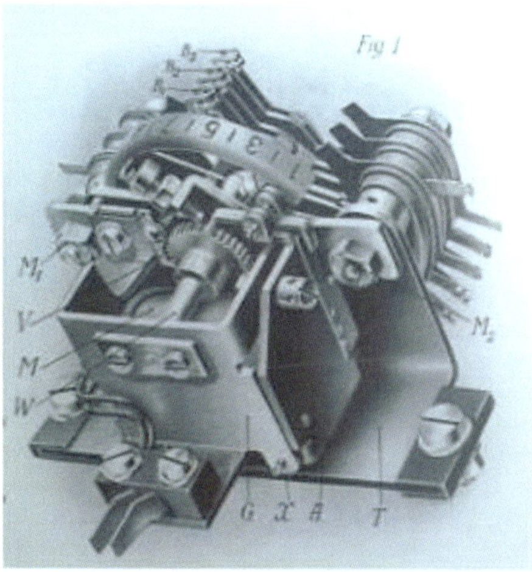

(5.6) Vorwähler

(5.7) Relaissatz zum Vorwähler

5.3.3 Gruppenwähler

Der 1. Gruppenwähler (Bemerkung: die weiteren Gruppenwähler sind gleich gehalten) besteht aus dem Hebdrehwähler nach Dietl und einem zugehörigen Relaissatz. Der Wähler besitzt einen Hebmagneten, einen Drehmagneten und einen Auslösemagneten. Weitere Bestandteile sind die Schaltwelle mit einer zylindrischen Schaltwalze zum Heben, einem Zahnrad zum Drehen und einem Federgehäuse das nach erfolgter Auslösung zur Rückführung der Bürstenkontakte dient. Der am Wähler befestigte Kopfschalter kontrolliert die Ruhestellung der Kontaktbürsten. Die drei Bürstenkontakte schalten die Sprechadern durch (a - und b- Arm) und dienen zum Aufprüfen auf die nächste Wählerstufe (c-Arm). Mit einem Kontaktsatz werden die Verbindungen zum System und zur Stromversorgung hergestellt. Der Relaissatz eines Gruppenwählers besitzt insgesamt vier Relais (Trennrelais T, und A-, B- und C–Relais) sowie ein Prüflampe. Nach dem durch den Hebmagneten durchgeführten Heben der Kontaktbürsten erfolgt durch den Drehmagneten die Drehbewegung. Die dafür nötigen Impulse erhält der Drehmagnet wie beim Vorwähler durch den Relaisunterbrecher. Bei Aufprüfen des c-Armes auf einen freien nachfolgenden Wähler (Gruppenwähler oder Leitungswähler) wird die Drehbewegung gestoppt. Am Schluss eines Gespräches wird der Auslösemagnet an den Relaisunterbrecher geschaltet womit die Kontaktbürsten zurück gedreht werden und durch herabfallen in die Ruhelage kommen.

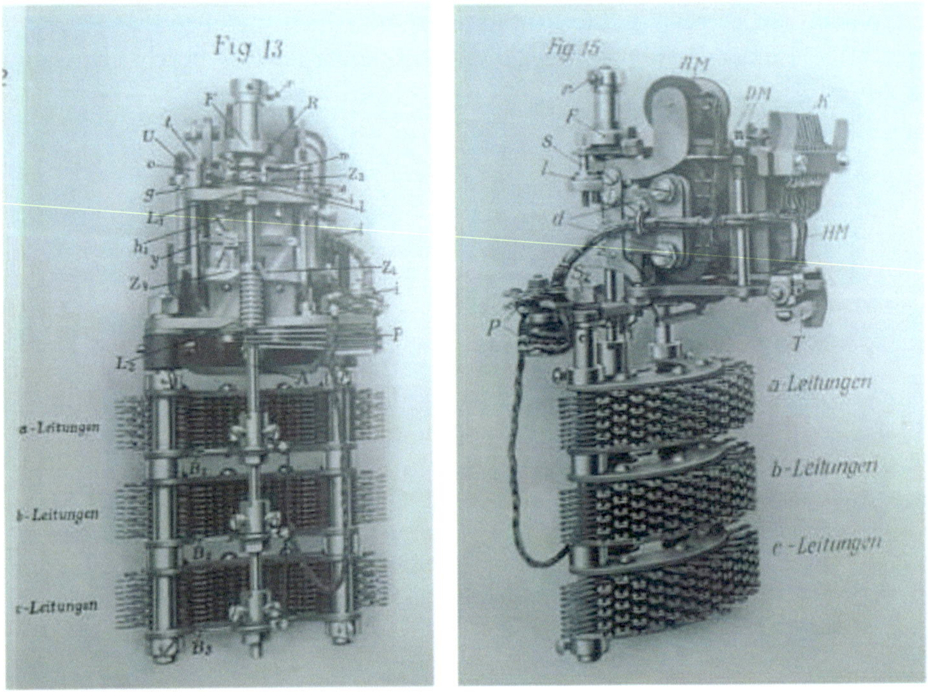

(5.8) Dietl Wähler

(5.9) Relaissatz des Gruppenwählers

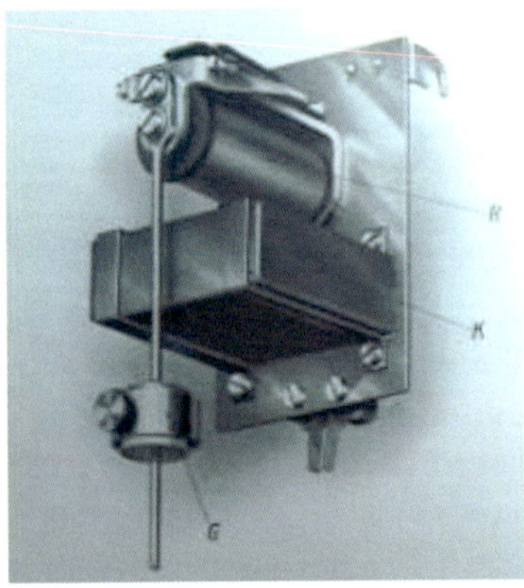

(5.10) Relaisunterbrecher

5.3.4 Leitungswähler

Von der Bauart her ist der Leitungswähler mechanisch gesehen gleich zum Gruppenwähler gebaut. In seiner Funktion besteht der Unterschied besteht darin, dass nun durch die Wahlimpulse die Drehung der Kontaktbürsten gesteuert wird. Wegen der besonderen Funktion des Leitungswählers als Schnittstelle zur Leitung des Teilnehmers hat der zugehörige Relaissatz eine Reihe von zusätzlichen Aufgaben zu erledigen sodass der Relaissatz des Leitungswählers insgesamt zehn Relais enthält. Neben dem A- und B-Relais und dem Trennrelais gibt es noch zwei Summerrelais, drei Schlussrelais und zwei CB Relais und ein Rufrelais. Während das Trennrelais sowie das A- und B-Relais die notwendigen Schaltungen zum Empfang der Wählimpulse durchführen, haben die weiteren Relais die übrigen Aufgaben des Leitungswählers zu übernehmen. So schalten die beiden Summerrelais die Kontaktbürsten ab, damit beim gleiten der Bürsten über die Kontaktlamellen keine Störungen an den dort eventuell bestehenden Verbindungen entstehen. Die Schlussrelais sorgen bei der Auslösung des Leitungswählers für die Einschaltung der Summerrelais, sodass auch dabei keine Störungen entstehen. Die beiden CB Relais kontrollieren die Teilnehmerschleife. Mit dem Rufrelais erfolgt die Anschaltung der Rufwechselspannung über einen zum Leitungswähler gehörigen Transformator. Die am Leitungswähler Relaissatz befindlichen Kondensatoren dienen zur Funkenlöschung der Schaltkontakte der Magnete. Die Lampe dient als Widerstand der im Rahmen der Funktion des Kopfschalters des Wählers benötigt wird.

(5.11) Relaissatz des Leitungswählers

5.3.5 Aufbau einer Verbindung bei einer halbautomatischen Vermittlung

Wie bereits vorher erwähnt wurde, wird bei einer halbautomatischen Vermittlung der rufende Teilnehmer mit dem Belegen eines 1.Gruppenwählers zugleich ein Platzwähler (technisch in der Art eines Vorwählers) belegt, der einen freien Platz einer Beamtin festlegt, die den Aufbau einer Verbindung zum gewünschten Teilnehmer durchführt. Als nächsten Schritt teilt der Teilnehmer die gewünschte Rufnummer mit, worauf diese mit der Wählmaschine die Wahl über die automatische Vermittlung durchführt. Damit ist die Arbeit der Beamtin beendet. Für alle weiteren Schritte ist der rufende Teilnehmer mit dem gerufenen Teilnehmer über das automatische System in Kontakt. So erhält er beispielsweise das Besetzzeichen, das Rufzeichen durch einen Summerton und kann selbst durch Auflegen des Fernhörers die Auflösung der Verbindung durchführen.

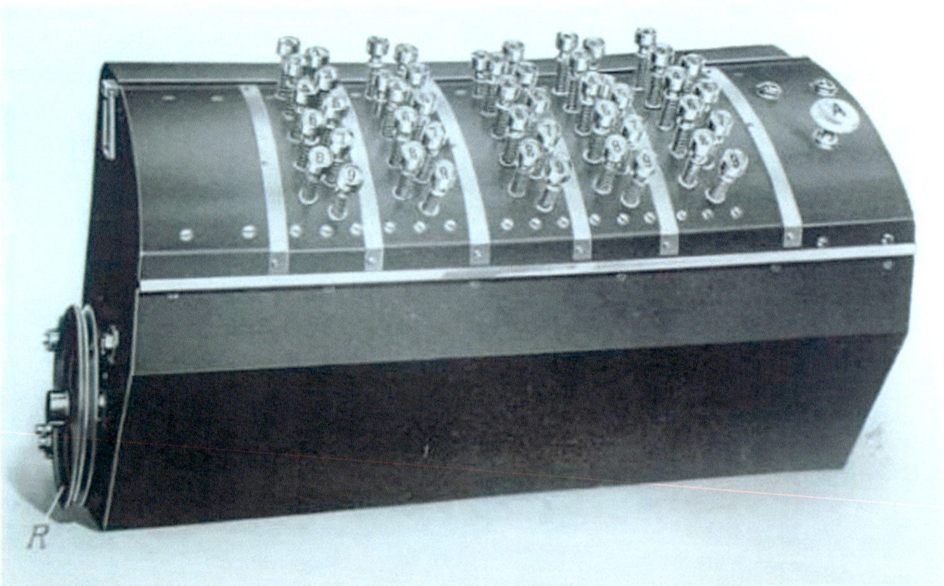

(5.12) Wählmaschine des halbautomatischen Dietl Systems

(5.13) Arbeitsplärze der Beamtinnen an der Wählmaschine

5.3.6 Der Gesellschaftsanschluss der Dietl Vermittlung

Das Dietl System erlaubt einen Gesellschaftsanschlusses (GL-Anschluss) bis zu vier Teilnehmer auf einer Leitung. Damit kann bei der Errichtung von Teilnehmerleitungen gespart werden. Allerdings sind dafür spezielle Teilnehmerapparate einzusetzen. Mit einem GL-Anschluss wird im Dietl System das Gesprächsgeheimnis zwischen den angeschlossenen Teilnehmern gewahrt. Ebenso ist mit eigenen Zählern am Teilnehmerapparat gesichert, dass die Vergebührung der Gespräche individuell erfolgt. Im Amt selbst muss im Relaissatz der Leitungswähler die für die GL- Teilnehmer nötige Wahl des dafür nötigen Rufstromes vorgenommen werden. Es werden dafür vier verschiedene Kombinationen für den Rufstrom eingesetzt. Diese Kombinationen sind durch die Wahl eines durch ein mit einem Wechselstrom überlagerten Gleichstrom, der wahlweise mit positiver oder negativer Polarität auf die a- oder auf die b-Ader gelegt wird, gegeben. Im Teilnehmerapparat sorgt jeweils ein polarisiertes Relais für die Auswahl.

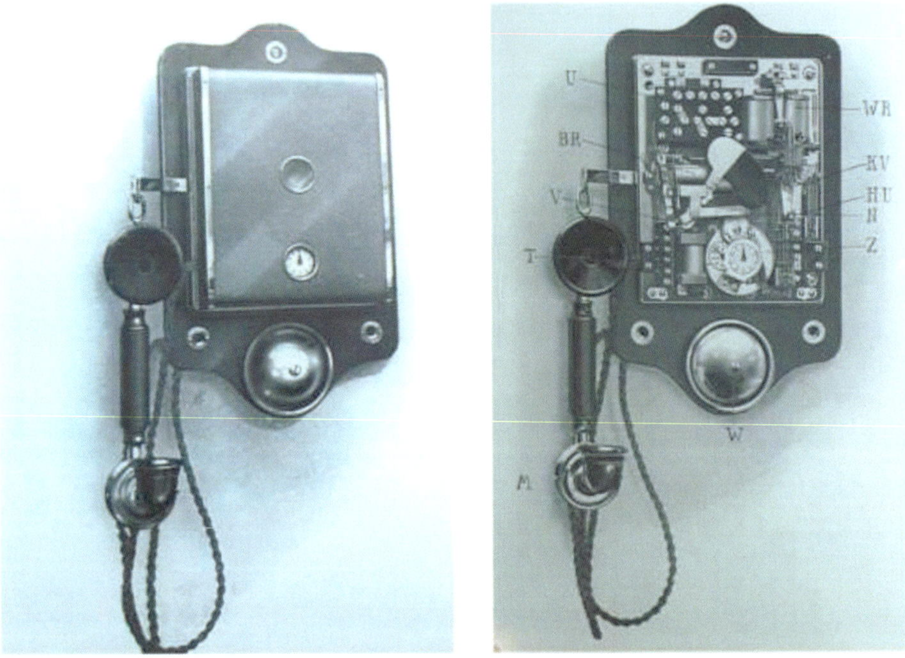

(5.14) GL Teilnehmer Apparat

5.3.7 Weitere technische Zusatzeinrichtungen im Dietl System

Das automatische Vermittlungssystem nach Dietl verfügt über eine Reihe von Kontrolleinrichtungen, die sowohl die Arbeit im Rahmen des halbautomatischen Betriebes als auch die Funktion der Wähler und der zugehörigen Relaissätze überwachen. Eine Kontrolle betrifft die Schnelligkeit der Herstellung einer Verbindung durch die Beamtinnen an den Wählmaschinen. Dies geschieht mit einer eigenen Einrichtung. Eine weitere kontrolliert am Platzwähler-Relaissatz ob etwa durch einen Fehler in der Wählmaschine die Wahlimpulse nicht richtig abgegeben wurde. Bei den Wählern und den zugehörigen Relaissätzen wird das korrekte Durchschalten, das Zustandekommen des Speisestromes des rufenden Teilnehmers, der Umstand, dass ein rufender Teilnehmer trotz besetzter Rufnummer seinen Fernhörer nicht aufgelegt hat und weitere andere fehlerhafte Zustände im System, kontrolliert und durch Signallampen angezeigt.

Der Summerton und dessen Gestaltung zum Rufsignal und zum Besetztzeichen wird durch eine Summermaschine erzeugt. Zur Erhöhung der Zuverlässigkeit ist diese im Amt doppelt vorhanden. Der Summerton selbst wird über ein Tonrad, das von einem Gleichstrommotor angetrieben wird, erzeugt. Von diesem werden auch eine Reihe von Signalscheiben angetrieben deren Schleifkontakte die gewünschten Tonmuster erzeugen.

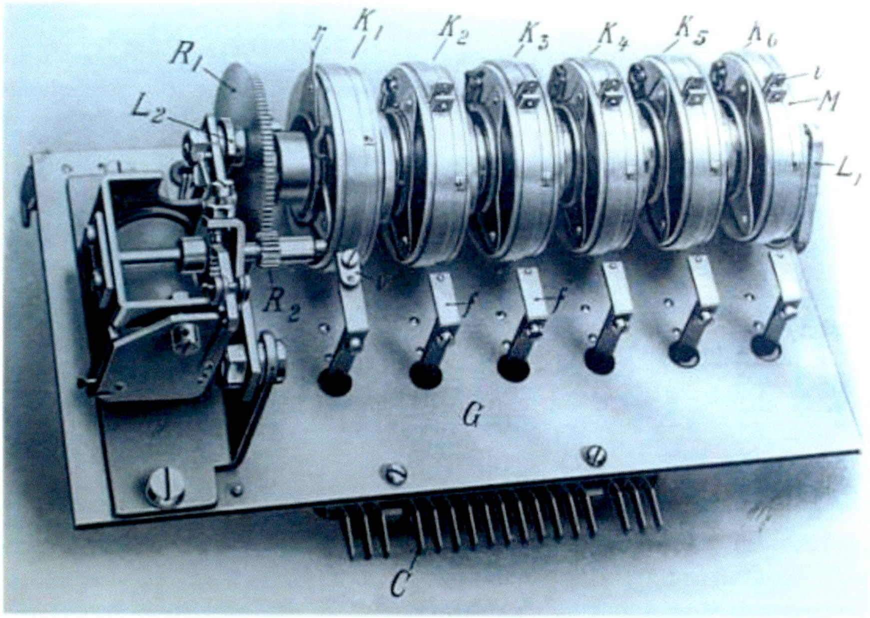

(5.15) Apparat zur Wähler und Relaissatz Kontrolle

(5.16) Summermaschine

5.3.8 Verbindung des Dietl Systems mit Handvermittlungen und Fernverkehr

Das automatische Vermittlungssystem „System Dietl“ ermöglicht die Zusammenarbeit mit den Einrichtungen für den Telephon- Fernverkehr als auch mit bestehenden Handvermittlungen. Bei diesen sowohl für die Herstellung von Verbindungen von einem Teilnehmer einer Handvermittlung zu einem solchen im Dietl-Amt als auch umgekehrt für die Verbindungen eines Teilnehmers des Dietl- Amtes zu einem an einer Handvermittlung angeschlossenen Teilnehmer. Bei diesen Verbindungen kann zwischen zwei Arten unterschieden werden

(1) der zu rufende an einer Handvermittlung angeschlossene Teilnehmer ist direkt über das Leitungswähler -Vielfach des rufenden Teilnehmers erreichbar. In diesem Fall sind die dafür zuständigen Leitungswähler des Dietl Amtes mit einem speziellen Relaissatz ausgerüstet, der die Zusammenarbeit mit einem Teilnehmer der Handvermittlung ermöglicht.
(2) Die Handvermittlung ist über eine Gruppenwahlstufe zu erreihen. In diesem Fall ist im Dietl Amt ein spezieller Relaissatz zum Herstellen der Verbindung mit der Handvermittlung vorhanden

Für den Fall der Herstellung einer Verbindung von einem Teilnehmer einer Handvermittlung zu einem Teilnehmer eines Dietl-Amtes mit einer halbautomatischen Vermittlung ist am Arbeitsplatz der Beamtin ein spezieller Vermittlungs-Relaissatz mit Fallklappe bzw. Anruf- Glühlampe und Klinkenfeld vorhanden mit dem der rufende Teilnehmer von der Beamtin die Verbindung zum gewünschten Teilnehmer des Dietl Amtes hergestellt werden kann.

Bei der Herstellung einer Verbindung von einem Teilnehmer eines lokalen Amtes mit einem Fernteilnehmer sind vier Fälle zu berücksichtigen:

(1) der Fernteilnehmer wünscht einen lokalen Teilnehmer
(2) der Fernteilnehmer wünscht einen lokalen Teilnehmer der Handvermittlung
(3) der Fernteilnehmer wünscht einen anderen Teilnehmer eines Telephonnetzes (Transitverkehr)
(4) der Lokalteilnehmer wünscht einen Fernteilnehmer

Der Fernvermittlungsumschalter ermöglicht die Durchführung dieser Verbind-ungen. Die dafür vorgesehenen Fernschränke mit je drei Arbeitsplätzen erlauben den Beamtinnen eine effektive Abwicklung der Teilnehmerwünsche betreffend die Herstellung von Fernverbindungen.

(5.17) Fernvermittlungsschrank

Schriften zu Kapitel 5

Siemens & Halske Wien: Die automatischen Einrichtungen der k.k. Staatstelephon:Zentralen Wien, System G.H.Dietl, Wien 1914

5.3.9 Aufbau des automatischen Vermittlungsamtes „System Dietl"

Der Aufbau geschieht in einer üblichen Gestellbauweise. Neben den Gestellen für die Wähler zusammen mit den zugehörigen Relaissätzen müssen auch die besonderen technischen Zusatzeinrichtungen und die Stromversorgung hier in Betracht gezogen werden. Die folgenden Bilder zeigen den Aufbau einzelner Gestelle und eines kompletten Amtes.

(5.18) Vorwähler-Gestell einer automatischen Vermittlung „System Dietl“

(5.19) Gruppenwähler- Gestell einer automatischen Vermittlung „System Dietl“

(5.20) Dietl-Vermittlungsamt Wien Afrikanergasse 1912

(5.21) Wählmaschinen-Saal im halbautomatischen Dietl System

6. Anmerkungen zu den Wählsystemen der Jahre 1910 – 1940

6.1 Vergleich der Entwicklung mit Deutschland

Die Geschichte der automatischen Telefonie beginnt in Europa mit der Einschaltung des ersten vollautomatischen Wählamtes im deutschen Hildesheim, gefolgt von einem weiteren Amt in München-Schwabing. Letzteres hatte schon die Züge und Charakteristika aller späteren Wählsysteme, die bis zur Digitalisierung gebaut wurden. Um nun die Geschichte und ein wenig die Technik zu verstehen, muss man sich vergegenwärtigen, welche technischen Mitteln damals den Fernmeldetechnikern zur Verfügung standen. Wesentlich dafür war der sogenannte Stangenwähler (oder Strowger-Hebdrehschalter), ein Wählorgan, das eine hebende und drehende Bewegung ausführen konnte. Somit waren (bildhaft gesprochen) 10 Stockwerke zu je 10 Wohnungen anwählbar. Diese dezidierte Auswahl einer Schalterposition erfolgte in der letzten Wahlstufe, in der die letzten beiden Stellen der Anschlussnummer gewählt wurden. In den vorangehenden Wahlstufen wurde nur der Höhenschritt durch die Wählscheibe eingestellt, innerhalb der angewählten Dekade war dann eine Suchwahl nach einer freien, weiterführenden Leitung auszuführen, wurde diese nicht gefunden, dann erfolgte eine Abschaltung und die Ausgabe des Besetzttones.

(6.1) Wählamt mit Strowger- Hebdrehschalter

Ein weiteres Element war das große Rundrelais, fälschlich als Rundrelais 22 bezeichnet. Dessen Ausführungsform war schon seit den Anfängen des 20. Jahrhunderts bekannt und wurde auch industriell in Mengen gefertigt. Leider war man damals in der Forschung und Entwicklung noch nicht so weit, die Technik der Anzugs- und Abfallverzögerung eines Relais voll zu beherrschen, ein nicht unwesentliches Kriterium für das Erkennen der korrekten Wahl der Rufnummer.

Die folgende vorauseilende Erklärung ist erforderlich, um die zunächst unterschiedliche Entwicklung in Deutschland und in Österreich zu erklären.

In Deutschland waren die ersten Wählsysteme meist so ausgestaltet, dass bei aufgezogener Wählscheibe die Leitung beim Teilnehmer geerdet wurde. Damit erkannte das Wählsystem, dass eine Wählscheibenwahl anstand. Wurde diese Erdung aufgehoben, so war der aktuelle Wählscheibenablauf beendet und es konnten die nachfolgenden Schritte im Verbindungsaufbau eingeleitet werden. Während der angezogenen Wählscheibe wurde von der aktuellen Wahlstufe aus eine Spannung von –60V auf die jeweils nachfolgende Wahlstufe gegeben, die sogenannte Steuerspannung. Dies war in allen Systemen, einschließlich des Systems 22 in Gebrauch, spätere Systeme konnten dann schon mit Verzögerungsrelais die entsprechenden Wählscheibenabläufe korrekt erkennen. Zwei Ausnahmen von dieser Lösung sind dem Autor bekannt, das ursprünglich halbautomatische System in Dresden und das von Anfang an vollautomatische System in Leipzig, beide ab 1910/1911 installiert, kamen ohne die Steuerspannung aus und entsprachen damit voll den späteren Systemen.

6.2 Entwicklungen in Wien und Graz

In Österreich begann die Ära der vollautomatischen Systeme in den Jahren 1903 bis 1910 mit der Einrichtung von Wahlämter nach dem vollautomatischen System G.H. Dietl mit vierstelligen Rufnummern und der Teilnehmerwahl mittels Stellhebelapparaten nach dem System Foederl. Auch hier spielte die damals verfügbare Technik eine gravierende Rolle, die Technik der Stellhebelapparate war, dass man bei aufgelegtem Hörer die gewünschte Rufnummer an den vier Hebeln einstellte und dann – in Graz – die Kurbel zweimal drehte. Während die Mechanik die Wahlinformation mit unterschiedlichen Erdimpulsen auf der A- bzw. B-Ader ausgab, hob man den Hörer ab und wartete auf das Herstellen der Verbindung, war der Teilnehmer frei, so bekam man das periodische Läuten des Rufes zu hören, ansonsten gab es ein Dauerzeichen als Besetztton. Diese Technik brachte es mit sich, dass es keinen Wählton gab, sonder blind gewählt wurde.

In Wien schaltete man 1912 in der Afrikanergasse das erste Wählamt ein, dieses blieb bis Juli 1971 in Betrieb. Ursprünglich war das Wiener Wählsystem für fünfstellige Rufnummern ausgelegt, ein erhalten gebliebener sechsstelliger Stellhebelapparat aus 1914 deutet aber darauf hin, dass man letztendlich mit sechsstelligen Rufnummern rechnete. Um die Umstellung auf Wählbetrieb rasch vorantreiben zu können, aber wohl auch aus Gründen des Mangels an sechsstelligen Apparaten ging man in Wien den Weg der Halbautomatik und stattete die Teilnehmerstellen mit gewöhnlichen Zentralbatterieapparaten aus, die Verbindung wurde durch Abheben des Hörers und der Erdtaste eingeleitet, es meldete sich dann eine Beamtin, die dann die gewünschte Verbindung an einem Wählmaschinentisch eintastete. Dieser war im Prinzip ein mittels einer Maschine angetriebener riesiger Tastwahlblock. Zum Betrieb war eine sogenannte Platzwahlübertragung erforderlich, diese suchte bei Einleitung einer Verbindung einen Wählmaschinentisch aus.

Diese Übergangslösung dauerte bis etwa 1932, allerdings erfolgte ab etwa 1927/1928 der Übergang auf sechsstellige Rufnummern, den bisherigen fünfstelligen Rufnummern wurde ein Buchstabe vorangesetzt. IFABRUMLYZ wurden, gegen den Uhrzeigersinn, als „Buchstabennummern“ verwendet, da es zum Anfang der Umstellung auf sechsstellige Rufnummern nur die Buchstaben A,B,R und U im Einsatz waren, war das Zusprechen der mit Buchstaben ausgestatteten Rufnummern zum Wählmaschinentisch wirklich eindeutig und konnte nicht missverstanden werden. Im Jahre 1932 war die Umstellung auf Teilnehmerselbstwahl abgeschlossen, alle Wiener Sprechstellen waren mit Wählscheiben ausgestattet, damit konnte vom starren System mit sechsstelligen Rufnummern abgegangen werden, dies erfolgte dann mit der einstelligen Rufnummer „Z“ für das Fernamt und „BI“ für die lokale Störmeldestelle, später wurden dann vierstellige Rufnummern für Feuerwehr, Polizeinotruf und Rettung eingeführt. Ab etwa 1934 wurden auch siebenstellige Gesellschaftsanschlüsse, ebenfalls mit Buchstaben „beziffert“ eingeführt, die siebenstelligen Viertel-anschlüsse endeten auf –B, -U, -L und –Z, die zugehörige Nachwahleinrichtung erhielt damit treffend den Namen „BULZ“.

(6.2) Wählscheibe in Wien

Ab 1930 führte man in Wien auch die Gesprächszeitzählung ein; da man bei den Gesellschaftsanschlüssen sowohl aktiv, wie auch passiv zählte, musste dieses Prinzip auch für Einzelanschlüsse eingeführt werden. Die praktische Zählung erfolgte durch sogenannte Schleifenzähler, die in die Teilnehmerleitung eingeschleift wurden. Durch den Schleifenzähler floss zunächst über einen eigenen Widerstand der Schleifenstrom, zu diesem Widerstand wurden dann die beiden Wirkwicklungen des Schleifenzählers dazugeschaltet, eine ausgeklügelte Technik mit einem Trägheitsmetall verhinderte das Mitgehen der Gesprächsuhr, wenn der Zählimpuls, der alle sechs Sekunden gegeben wurde, in den Wählscheibenablauf fiel. Während das Grazer System mit Stellhebeln bis etwa 1929 im Einsatz war und das auf Vollautomatisierung umgestellte Wiener System bis Mitte 1971 überlebte, war man anderenorts weiter fortgeschritten und hatte neue Wählsysteme entwickelt, die auch bereits für die ab 1923 in Weilheim erstmals eingeschaltete Teilnehmerfernwahl geeignet waren. In Deutschland fand zunächst, nach einer längeren wohl auch kriegsbedingten Pause das Wählsystem 22 breite Verwendung. Dieses bediente sich des großen Rundrelais 22 und des erwähnten großen Stangenwählers. Die letzte Wahlstufe war mit Steuerschaltern ausgestattet. Für diesen gab es zwei Ausführungsformen, eine für den reinen Ortsbetrieb mit einem Steuerschalter mit 11 Schritten und einen weiteren für den gerichteten Orts- und Fernleitungsbetrieb mit 16 Schritten.

Damals war es üblich, Ferngespräche gewaltsam zum Nachteil des Ortsverkehres zu bevorzugen, der Ortsfernleitungswähler trennte die als ortsmäßig besetzt vorgefundene Teilnehmerstelle zugunsten des anstehenden Ferngespräches auf. Da diese Vorgangsweise letztendlich keine Zustimmung fand, wurde dieses Prinzip der Fernamtstrennung etwa 1936 zugunsten des Anbotverfahrens (das Fernamt schaltet sich als Dritter auf und bietet das anstehende Gespräch an) aufgegeben. Die unmittelbar nach dem System 22 entwickelten Systeme 26 und 27, aber auch das später weit verbreitete System 29 hatten ursprünglich die Fernamtstrennung eingebaut. Das nur in Deutschland verwendete System 26 besaß einen echten Viereckwähler als Schaltorgan. Beim Viereckwähler durchläuft der Wahlvorgang ein Viereck, nach dem Ende einer Verbindung dreht der Wähler innerhalb der aktuell belegten Dekade weiter, bis er am Ende der Kontaktbank herunterfällt und in die Grundstellung zurückfällt. Der Hebdrehwähler 26 besaß bereits dieses Kriterium, war aber, verglichen mit dem Hebdrehwähler 27 noch sehr klobig und groß. Das ebenfalls nur in Deutschland gebaute System 27 hatte bereits den wesentlich kleineren Hebdrehwähler 27, der jeweils zugehörige Relaissatz verwendete jedoch noch die Rundrelais 22 und weiterhin den Steuerschalter. Ab dem System 27 wurde die auch später weitergeführte konstruktive Ausgestaltung der Wähler verwendet. Bei dieser waren die Hebdrehwähler und deren Relaissätze übereinander angeordnet und jeweils 20 Hebdrehwähler teilten sich ein gemeinsames Kontaktvielfach.

6.3 Das Wählsystem 29

Das unmittelbar folgende System 29 wurde das am weitesten verbreitete System, sowohl in Deutschland, wie auch letztendlich in Österreich. Kennzeichen des Systems 29 war die Verwendung des Drehwählers 27, des Flachrelais 28 in unterschiedlichsten Ausprägungen und die des Hebdrehwählers 27. Die hier angewendeten Bauteile waren auch in allen nachfolgenden Systemen, in Österreich auch im System 40 und 48 bis zur finalen Umstellung auf digitale Systeme im Einsatz. Das System 29, zuerst in Graz, dann unter anderem auch in Salzburg aufgebaut, wies bereits die Züge aller modernen Wählsysteme auf und war letztendlich maßgeblich für alle nachfolgenden Systeme. Die letzte Wahlstufe hatte aber in diesem System noch einen Steuerschalter eingebaut und es wurde auch zwischen Wählern für den reinen Ortsverkehr einerseits und den gemischten Betrieb andererseits unterschieden. Ab dem Jahre 1936 erfolgte ein Umbau auf das erwähnte Anbotverfahren und es wurden nur mehr einheitliche Relaissätze im Leitungswähler verwendet. Die Einführung der Zehneranschlüsse nach dem Durchwahlverfahren brachte anschließend einen modifizierten Leitungswähler 29, den Leitungswähler 29/2 zum Einsatz, der eine einstellige Durchwahl gestattet und damit die Anwahl zur gewünschten Gemeinschaftsstelle ermöglichte.

Das größte Amt nach dem System 29 war jenes in der Linzer Domgasse. Ursprünglich war Linz ein Wählsystem nach dem System G.H.Dietl gleich zu dem von Graz eingesetzt und nach Auflösung des Grazer Amtes sind sicherlich viele Teile davon nach Linz verlagert worden. Bekanntlich plante die damalige deutsche Reichsregierung mitten im Kriege in Linz die Errichtung der Hermann-Göring-Stahlwerke (heute VOEST). Da das damalige Wählsystem mit den Stellhebelapparaten für Nebenstellen nicht tauglich war, wurde die Umstellung auf ein neues entsprechendes Wählsystem notwendig. Ein weiterer Grund mag wohl gewesen sein, dass das bestehende Linzer Wählamt mit den deutschen Wählämtern nicht kompatibel war. Die Umschaltung auf das dafür neu errichtete System 29 erfolgte am 21. Juni 1941 ab 13 Uhr schlagartig. Die neuen Wählscheibenapparate waren zuvor schon bei den Teilnehmerstellen aufgebaut und angeschlossen worden. Die einzelnen Teilnehmer mussten zum Umstellungszeitpunkt zwei vorbereitete Drahtschleifen mit einer Schere durchschneiden und damit die alten Stellhebelapparate von der Leitung trennen. Gleichzeitig erfolgte der Übergang von vier- auf fünfstellige Rufnummern, allesamt beginnend mit 2. Spätere Erweiterungen wurden mit Bauteilen des Systems 40 durchgeführt.

Das in Linz in der Domgasse damit eingerichtete Wählamt wurde ab 1957 für die österreichische Landesfernwahl adaptiert und von der bei der Reichspost üblichen reinen Gesprächszählung auf Zeitzählung umgestellt. Es stand bis 1981 in Betrieb. Für die zu automatisierenden ländlichen Netze wurde das System 34 eingeführt. Dieses hatte in der letzten Wahlstufe einen Leitungswähler in Form des Hebdrehwählers 27 ohne Steuerschalter, konnte bis zu 300 Anrufeinheiten aufnehmen und arbeitete nach dem Anrufsuchersystem. Für die Gruppenwahlstufe wurde ein großer 50 teiliger Drehwähler verwendet. Ämter dieser Bauart wurden in Österreich damals landesweit eingesetzt. Diese wurden vergleichsweise spät, erst im Zuge der Vollautomatisierung durch Wählamter des Systems 48 ersetzt.

(6.3) Wählamt Salzburg System 29

6.4 Das Wählsystem 40

Da sich das sehr verbreitete System 29 von der Schaltung und dem Bauteileinsatz als recht aufwändig zeigte, wurde vom damaligen in Berlin ansässigen zuständigen Fernmeldereferat die Ausarbeitung eines vereinfachten Wählsystems in Auftrag gegeben. Angesichts der fortschreitenden Automatisierung sollte die Bevorzugung des Fernverkehres weitgehend aufgegeben werden. Aufschalten und Nachrufen sollte fortfallen, es sollte auch weitgehend eine Vereinheitlichung der Wahlstufen erfolgen. Dies führte zur Entwicklung des Wählsystems 40. Im Prinzip blieben bei diesem die Gruppenwahlstufen unverändert. Der ursprünglich aus einem Hebdrehwähler und einem davon getrennten Relaissatz bestehende I. Gruppenwähler wurde zu einer Baueinheit zusammengefasst. Des Weiteren wurde sowohl bei dieser

Wahlstufe, wie auch bei den nachfolgenden Gruppenwahlstufen, die Symmetrie verbessert. Der Leitungswähler bestand weiterhin aus einem Hebdrehwähler und einem eigenen getrennten Relaissatz, dieser war einheitlich ausgebildet und konnte, mit einer einfachen Umschaltung auch für die Zehneranschlüsse durchwahltauglich gemacht werden, es gab keinen Steuerschalter mehr, dafür wurde das Leistungsmerkmal der Nachtnummernwahl eingeführt.

(6.4) Wählamt Zistersdorf System 40

In Österreich war das System 40 nur zur Erweiterung des Amtes Linz Domgasse im Einsatz. Im Jahr 1951, obgleich das System 48 in Eferding schon die

Feuertaufe hinter sich hatte, wurde in Zistersdorf (nordöstliches Weinviertel) ein Amt dennoch noch nach dem System 40 gebaut. Es kann dazu noch erwähnt werden, dass dieses Amt später mit Baugruppen des Wählystems 48 erweitert wurde. Im Rahmen eines generellen Systemtausches wurde schließlich das gesamte Amt Zistersdorf in ein Amt nach dem Motorwählersystem 48M umgestellt und zugleich auf vierstellige Rufnummern übergegangen.

In der österreichischen Geschichte gab es noch eine Besonderheit: im tirolerischen Kitzbühel wollte man die Einführung des vollautomatischen Betriebes nicht abwarten, Kitzbühel erfreute sich eines stark ansteigenden Tourismus und so war es angeraten, dieses Ortsnetz möglichst früh, also noch vor der Vollautomatisierung ab etwa 1955, vom Handbetrieb wegzubekommen. In dieser Situation bot die in Wien ansässige Firma KAPSCH an, eine modifizierte Groß-Wählnebenstellenanlage aus der Familie der VELOX-Nebenstellenanlagen aufzustellen. Diese Anlage war mit den üblichen Elementen des Vorwählers 27 und des Flachrelais 28 ausgestattet und hatte einen „wandernden Speisepunkt", das bedeutet dass die Speisung durch die jeweils belegte Wahlstufe erfolgte. Die eigentlich in der Nebenstellentechnik für die Berechtigungsschaltung vorgesehene Ader wurde für den Zählerstromkreis verwendet. Eine Besonderheit der Anlage war aber, dass der von KAPSCH selbst entwickelte große vierarmige Hebdrehwähler (auch ein Viereckwähler) zum Einsatz kam. Um die Einbindung des Ortsnetzes Kitzbühel an das Landesfernwahlnetz zu ermöglichen mussten später im Rahmen der Vollautomatisierung entsprechende Systemübertragungen zum Fernwahlsystem zugeschaltet werden. Erst vergleichsweise spät erfolgte der Austausch dieser Sonderlösung durch ein Koordinatenamt 48 HK.

Ab Mitte 1951 erfolgte dann ausschließlich das Ausrollen des Automatisierungsprogrammes mit dem System 48. Allerdings vergingen für einzelne Ortsämter noch einige Jahre bis diese in den automatischen Selbstwählfernverkehr eingebunden werden konnten.

7. Das Wählsystem 48

7.1 Allgemeines

Als sich der Zweite Weltkrieg dem Ende näherte und mit 13. April 1945 Wien vom vormaligen Regime befreit war, bot sich, zumindest im Osten, ein durchaus erschreckendes Bild der Fernmeldesituation dar. Speziell nach dem letzten Großangriff der Westalliierten am 04. März 1945 waren viele Wiener Wählämter beschädigt oder ganz zerstört, die Demontagen der östlichen Befreier ab dem 08. Mai 1945 trugen ihrerseits dazu bei, dass vornehmlich die Bezirke außerhalb des Wiener Gürtels ohne Telefonzentralen dastanden. Diese und auch die zweiten Zehntausender in den größeren innerstädtischen Wählämtern waren nach dem „Neuen Wiener System" errichtet worden und fanden somit leider, wie bekannt ist, gewisse Sympathie im Osten. Die größte Not in den nunmehr telefonlosen Gegenden wurde durch noch vorhandene funktionierende fremde Systeme und die Verwendung unbeschädigter älterer Einrichtungen behoben. Diese Maßnahmen waren im Wesentlichen gegen Jahresende 1945 beendet. Das Wiener Telefonbuch aus 1946 samt dessen ersten Nachtrag zeigt bereits eine leidlich große Anzahl von wieder eingeschalteten Anschlüssen in Wien. Es musste an einen Wiederaufbau gedacht werden. Die Techniker des Fernmeldezentralamtes (FZA) steckten daher ihre Köpfe zusammen, dachten, tüftelten und veröffentlichten dann am 9. April 1948 ihre ersten Vorstellungen über das künftige Wählsystem, das den Namen Wählsystem 48 bekam. Angemerkt werden soll, dass letztendlich nicht alles in der Ursprungsform realisiert wurde, da auch die ausführenden Firmen ihre Vorschläge und Erfahrungen einbrachten und letztendlich zu diesem System führten. Dieses war in Österreich von seiner Ersteinschaltung am 1. April 1950 in Eferding (Oberösterreich) bis zur Abschaltung des letzten Wiener Amtes (Wien Hetzendorf) am 29.2.2000 in Verwendung wobei die wesentlichen Systemeigenschaften ohne größere Systemumbauten Bestand hatten. Man kann also sagen, es gab ein Wählsystem, das über 50 Jahre unverändert im Einsatz war und auch späteren Anforderungen des lokalen, nationalen, internationalen und interkontinentalen Fernsprechverkehres über den gesamten Zeitraum voll entsprach und – im Gegensatz diverser anderer Systeme des Auslandes - nie grundsätzlich umgebaut werden musste

Bei der Entwicklung des neuen Wählsystems kam man zur Erkenntnis, dass man als Grundlage das bereits bekannte System 29 und das System 40 verwenden sollte. Das System 40 war – kriegsbedingt – von den Funktionen her auf ein absolutes Minimum an Funktionen reduziert worden, es war daher die ideale Grundlage, um sparsam alle aktuellen und künftigen Erfordernisse realisieren zu können. Generell hatte daher das Wählsystem mit damals vorhandenen Bauteilen und Mitteln auszukommen, dazu zählten:

Das Flachankerrelais 28, der Drehwähler 27, der Hebdrehwähler 27, das Doppelrelais 34 und die allgemeine Betriebsspannung von 60V mit geerdetem Pluspol.

Eine weitere grundlegende Entscheidung war die der schritthaltenden Wahl mittels Wählscheibe und die Anwendung der internationalen Wählscheibe mit der Ziffer 1 an der niedrigsten Stelle, keine Buchstaben in der Rufnummer und flexible Rufnummernlängen, selbst innerhalb der jeweiligen Ortsnetze. Es wurde aber von Anfang an beschlossen, dass die kürzest mögliche Rufnummer dreistellig zu sein hatte. In der Hebdrehwählertechnik bedeutete dies dass man eine Gruppenwahlstufe und einer Leitungswahlstufe vorzusehen hatte. Bei Wählämter mit Rufnummern von mehr als drei Ziffern waren dann zusätzliche Gruppenwähler einzufügen.

Eine weitere Vorgabe war die Verbindungseinleitung durch reine Schleifenbildung. Die in Wien vormals eingeführte Schleife -Erde Verbindungseinleitung hatte in der ursprünglichen Anwendung der Stellhebelapparate im System Dietl seinen Grund und kam später nicht mehr zur Anwendung Eine Ausnahme war das nach 1946 neu errichtete Wählamt Wien-Döbling nach dem neuen Wiener Wählsystem, das aber bereits 1956 durch das österreichweit erste Koordinatenschalteramt W48HK ersetzt wurde. Ebenso wurde von Anfang an beschlossen, mit einem Vorwählersystem zu arbeiten. Da in dieser Form jede Anrufeinheit einen individuellen Vorwähler besitzt, ist dieses System besser für stoßweise und plötzlich anfallenden Aktivverkehr geeignet, als ein System mit rotierenden Anrufsuchern, wie das beispielsweise das frühere System 34 hatte.
Es wurde ebenso von Anfang an eine Zeitzählung eingeführt, dies war eingewolltes Regulativ zur optimalen Ausnutzung der Verbindung. Die vormalige reine Gesprächszählung die Teilnehmer verleitet dazu, eine einmal aufgebaute und nur einmalig zu bezahlende Verbindung möglichst lange zeitlich in Anspruch zu nehmen. Die Ortstarifimpulse kamen im 36 Sekundentakt sodass 100 Impulse einer Gebührenstunde mit 3600 Sekunden entsprachen. Im Rahmen der Einführung des Interkontinentalverkehres wurde später der Ortstariftakt dann auf 72 Sekunden verdoppelt und der zu zahlende Impulswert entsprechend angepasst.

7.2 Technische Eigenschaften

Im Einzelnen hatten die einzelnen Wahlstufen folgende technische Eigenschaften:

I. Vorwähler:

Basierend auf dem Vorwähler 31 bzw. Vorwähler 40 mit einem 12 teiligen Drehwähler 27 wurde der I. Vorwähler 48 mit einem fünfarmigen Drehwähler 27 realisiert und mit folgenden Eigenschaften ausgestattet:

(1) Anlassung durch reine Schleife, die a-Ader wird aber über einen 800 Ohm-Widerstand und ein gemeinsames LA-Relais gespeist, das LA.Relais dient zur Erkennung von Erdschlüssen. Bis zu einem gewissen Maß kann die a-Ader gegen Erde Lade- bzw. Amtsspeisungsstrom bezogen werden (z.B. für amtsgespeiste Zwischenstellenumschalter). Für Anlageninhaber kann eine Amtsfernladung mit einem parallel geschalteten 300 Ohm Widerstand angeboten werden, in solchen Fällen wurde das Erdschlußrelais LA aber umgangen.
(2) Generelle Aktivsperre des gesamten Hunderts der Vorwähler mittels plombiertem „Katastrophenschalter". Besondere Teilnehmer (z.B. Notrufträger, Ämter und Behörden) konnten aber eine Bevorzugtenschaltung erhalten, die diese Sperre umging.

(2) Individuelle Abschaltung im Falle, dass der I. Vorwähler keinen Ausgang fand. Die in früheren Systemen vorhandene Gruppenabschaltung führte zur Blockierung eines Halbhunderts durch einen einzelnen Teilnehmer, dessen I. Vorwähler keinen Ausgang fand

(4) Eigene Zählader für die teilnehmerindividuellen Impulszähler, die in der Regel 3000 Ohm Gleichstromwiderstand besaßen. Die eigene Zählader ermöglichte die Erfüllung der sogenannten Fernwahlsperre, also das Verhindern von Verbindungen, die teurer als der übliche Ortstarif waren.

(5) Ein zusätzlicher potentialfreier Kontakt, der geschlossen wurde, sobald der Anschluss belegt war. Dies war für Zusatzeinrichtungen,wie Übertragungen für Gesellschaftsanschlüsse und ähnliche Vorfeldeinrichtungen notwendig.

II. Vorwähler

Dieser wurde mit einem vierarmigen Drehwähler mit 17 Schritten ausgestattet und arbeitete mit Voreinstellung. In der Regel wurde der 16. Drehschritt so beschaltet, dass dieser auf I. Gruppenwählern ruhte, der nur von II. Vorwählern belegt werden konnte. Der 17. Schritt war der Abschalteschritt mit rückwärtiger Sperrung, von diesem Schritt wurden dann aber die II. Vorwähler in zeitlichen Abschnitten (zunächst alle 72 Sekunden, später alle 144 Sekunden) zu neuerlichen Suchvorgängen angestoßen.

(7.1) I. Vorwähler im Wählsystem 48

I. Gruppenwähler

Dieser wurde mit dem Hebdrehwähler 27 und fest angebautem Relaissatz realisiert und hatte folgende Eigenschaften:

(1) Speisung des rufenden Teilnehmers auf der a-Ader über eine Drossel, deren elektrische Eigenschaften mit dem speisenden A-Relais über die b-Ader gegen Erde identisch waren. Auf diese Art und Weise hatten Ableitungen von der a-Ader gegen Erde, die zur Fernspeisung von Teilnehmereinrichtungen dienten, keinen Einfluss auf die Teilnehmerwahl, wenn teilnehmerseitig die Ableitung „vor" dem Impulskontakt erfolgte. Die Drossel wurde übrigens während der Wahl durch das Parallelschalten einer 100 Ohm-Bifilarwicklung der Speisedrossel überbrückt, was zu einer Erhöhung der der Impulssicherheit führte.
(2) Umsetzung der Wahlimpulse in a-Ader gegen Erde Impulse.
(3) Einsatz der Ortszeitzählung ab erfolgreicher Wahl der ersten Ziffer
(4) Mehrfachzählung zusätzlich zur Ortszeitzählung durch impulsweise Unterbrechung der c-Ader zur nachfolgenden Wahlstufe nach Einlangen des Meldekennzeichens auf der b-Ader. Ursprünglich waren für den I. Gruppenwähler kleine Tarifwähler planmäßig vorgesehen. Wegen der „Unmengen" an erforderlichen I. Gruppenwähler sah man, letztendlich auf Vorschlag der Fernmeldeindustrie, von dieser Lösung ab. Die Tarifwähler wurden allerdings später bei den Leitungsübertragungen mit Tarifwahl (LÜT51, LÜT69, WÜT51 und WÜT69) realisiert (siehe Fernwahlsystem 51).

Die Mehrfachzählung war im Übrigen in jeder Dekade und nicht nur im Höhenschritt 0 für die Landesfernwahl, möglich. Daher war die ab 1972 eingeführte „Kurzwahl“, also eine Art „Städteschnellwahl“ in der 9. Dekade problemlos realisierbar. Mit Einführung des Einheitskurzrufnummernrechners EKR 80 für die Vereinheitlichung der Notrufnummern und der wichtigen anderen, in der ersten Dekade angesetzten Rufnummern war eine Mehrfachzählung auch in der ersten Dekade, also Höhenschritt 1, problemlos realisierbar.
(5) Individuelle Fernsperre. Da Ortstarifimpulse und Ferntarifimpulse getrennt erzeugt und realisiert wurden, war es ein Leichtes, Verbindungen mit höherem Tarif, als dem Ortstarif, zu unterbinden. Während die Ortstarifimpulse direkt auf die Zählader des Teilnehmers gegeben wurden, wurden die Ferntarifimpulse über eine Hilfswicklung des V-Relais im Gruppenwähler geleitet. War also ein Teilnehmeranschluss „ferngesperrt“, der Zählerstromkreis mit normal 3000 Ohm des Impulszählers somit hochohmig, so hatte das keine Auswirkungen. War jedoch dem Zähler ein 500 Ohm-Widerstand parallel geschaltet, so reichte der nunmehr niederohmige Zählerstromkreis im Falle des Einlangens des ersten Ferntarifimpulses dazu aus, das erwähnte V-Relais zu erregen und damit die Verbindung auszulösen. Ursprünglich war diese Funktion dazu gedacht, die damals vorhandenen reinen Orts-Münzfernsprechstellen auch an das Wählsystem 48 anschalten zu können, diese Fernsperre fand dann aber auch willkommene Anwendung bei Dienstanschlüssen der Post bzw. posteigenen Nebenstellenanlagen.
(6) Fangmöglichkeit.

II.-V. Gruppenwähler

Bei allen Gruppenwählern wurde im Wesentlichen der II. Gruppenwähler verwendet, es wurde jedoch die Option im Gestell nachgerüstet, im Falle des Durchdrehens auch gleichstrommäßig ein Rücksignal geben zu können und nicht nur rein kapazitiv einen Besetztton ausgeben zu können. Anwendung der Gleichstromrücksignale gab es nur vereinzelt auf der untersten Fernwahlebene in Zweidrahttechnik, also bei zweiadrig angeschalteten Verbundämtern, teilweise aber auch in den Fernvermittlungsgruppenwählern, also bei denen, die den ankommenden Fernverkehr und die erste Ziffer der lokalen Rufnummer verarbeiten. In Durchdrehfall wurden die Potentiale für Gesprächsschluß angelegt und damit im Fernverkehr die Verbindungen zurück bis zum Registerverzoner 51 rückausgelöst.

Der II. Gruppenwähler 48 besteht aus einem Hebdrehwähler 27 und einem fix angebauten Relaissatz mit drei bzw. vier Flachrelais. Die Ausführung mit vier Flachrelais kam hinter Stromstoßübertragern oder Umsteuerwählern zum Einsatz und hatte eigentlich die Funktion eines I. Gruppenwählers, mit dem

Empfang und der Durchgabe der von der nachfolgenden Wahlstufe einlangenden Ferntarifimpulse.

(7.2) Gruppenwähler

Leitungswähler:

Der Leitungswähler 48 besteht aus einem Hebdrehwähler 27 mit den drei Hauptschaltarmen und einem zusätzlichen Doppelschaltarm für die Realisierung der Serienanschlüsse und der der Nachtnummernwahl. Ein getrennter Relaissatz Mit 11 Flachankerrelais komplettiert den Satz.
Bei der Entwicklung des Leitungswählers wurde außerordentlicher Wert darauf gelegt, einen universell einsetzbaren Leitungswähler zu haben, so ist die korrekte Bezeichnung auch „Ortsfernleitungswähler OFLW 48“.
Der OFLW 48 vereinigt alle Funktionen, die für den reinen Ortsverkehr, wie auch den handvermittelten Fernverkehr notwendig sind. Es sind also über jeden OFLW 48 die Funktionen des Aufschaltens zum Ankündigen anstehende handvermittelter Verbindungen möglich, wie auch das Nachrufen nach Gesprächsschluss zum Beispiel zum Ansagen der angefallenen Gebühren. Folgende grundlegende Funktionen sind, sowohl im Orts, wie auch im Fernverkehr möglich.

(1) Erstruf sofort nach beendeter Wahl bezüglich des OFLW. Die in anderen Systemen übliche Rückkontrolle, ob die Verbindung nach besteht, kann aus zeitkritischen Gründen bei der später beschriebenen Durchwahl nicht durchgeführt werden, im Falle des Auflegens durch den Anrufenden im Ortsverkehr gibt aber die erste Wahlstufe einen überlangen Wahlimpuls ab, der

den unnötigen Erstruf in solchen Fällen verhindert. Der Erstruf wird übrigens, aus gleichen Gründen, wie die Rückkontrolle, nicht durch den in anderen Systemen üblichen Relaissatz (Langsamunterbrecher) abgegeben, sondern über satzindividuelle Elektrolytkondensatoren mit einer Kapazität von 50µF. Der Erstruf wird über die a-Ader abgegeben und kommt normalerweise über die b-Ader zurück in das Amt, die Rufwechselspannung von 60Volt wird den –60Volt-Amtsspannung überlagert, damit ist auch ein Melden während des Rufes möglich. Diese Art des Rufes ermöglicht auch die problemlose Realisierung der Durchwahl bzw. die Anschaltung der Gesellschafter- und Später auch die der Zweieranschlüsse (ZA68).

(2) Beliebig zugelassene Durchwahl. Ursprünglich für die Einstellung von Gesellschafterpartnerstellen und Kleinteilämter gedacht, fand diese Durchwahl auch für die Einwahl in „Werkszentralen", also Nebenstellen mit direkter Anwahl der gewünschten Nebenstelle, sinnvolle Anwendung. Die Durchwahlimpulse werden mit –60Volt auf der b-Ader gegen Erde im Takte der Wählscheibe des Anrufenden abgegeben. Während der laufenden Durchwahl wird die Abgabe des Wechselstromrufes auf der a-Ader für die Dauer des Wählscheibenablaufes unterbrochen und danach wieder angeschaltet.

(3) Die Aufprüfung der c-Ader auf den Vorwählersatz wird auch nach dem Aufprüfen in Abhängigkeit von der c-Ader gehalten. So ist es also möglich, dass bei Anwahl eines Gesellschafteranschlusses zunächst ein Ruf abgegeben wird, nach erfolgter Anwahl der Partnerstelle, falls diese nicht existiert wird die c-Ader aufgetrennt und der Anrufer bekommt einen Besetztton.

(4) Selbstfreischaltung nach Gesprächsende durch den Gerufenen. Diese Annehmlichkeit, die den Angerufenen vollkommen unabhängig vom Anrufenden macht, waren die Teilnehmer des Wiener Wählsystems gewohnt und sie wurde daher in das neue System übernommen. Einrichtungen für Nebenstellenanlagen, wie Wiederbelegungssperren wurden daher im automatischen Betrieb daher nicht mehr benötigt. Die Selbstfreischaltung funktionierte allerdings nicht(!) bei vom Fernamt angebotenen Gesprächen, wenn vom Fernamt die Verbindung als Fernverbindung gekennzeichnet worden ist.

(5) Rückwärtswahl: Diese Funktion wurde eingebaut, weil man anfänglich an die Realisierung des Fernverkehres mit Gebührenzetteldruckern dachte. Man hätte in diesem Falle eine bestimmte Funktionsrufnummer und zusätzlich danach die eigene Rufnummer zu wählen gehabt, der Automat hätte dann einen zurückgerufen und anschließend wäre die Fernverbindung durch Rückwärtswahl über den OFLW48 realisiert worden. Angeblich gab es dazu einen Feldversuch im Ortsnetz Baden bei Wien. Schließlich wurde jedoch durch das landesweite Ausrollen des Fernwahlsystemes 51 mit Registerverzonern diese Funktion nicht mehr benötigt. Tatsächlich angewendet wurde die Rückwärtswahl nur mehr zum Schrankruf, also zur Aufforderung zum Eintreten der Fernbeamtin in eine bestehende handvermittelte Fernverbindung. Im handvermittelndem Fernverkehr kamen noch dazu:

(6) sich auf eine ortsbesetzte Verbindung aufschalten, dieser Aufschaltezustand wurde den Teilnehmern durch einen Aufschalteton (Morse „i“) angezeigt. Nach Auflegen des betroffenen Teilnehmers wurde sofort durchgeschaltet und der Erstruf abgegeben, bei besetzt vorgefundenen Stammleitungen für Viertel- und Achtelanschlüsse war die Nachwahl der gewünschten Partnerstelle natürlich gegeben. Nach dem durchgeführten Aufschalten wurde der betreffende Anschluss dann im Falle seines Freiwerdens sofort ferngekennzeichnet und gegen weitere Fernamtsgespräche gesperrt.
(7) Nachrufen: Legte ein ferngesperrter Teilnehmer auf, so wurde zwar ein Schlusskennzeichen gegeben, jedoch die Verbindung weder ausgelöst noch der betreffende Teilnehmer freigeschaltet und für weitere Anrufe freigegeben, er konnte auch keine neuerlichen Aktivgespräche führen. Das Nachrufen diente dazu, dass das Fernamt mit dem Teilnehmer, der gerade aufgelegt hatte, neuerlich Verbindung aufnehmen konnte, ohne die Verbindung neu aufbauen zu müssen. Oft hatten Teilnehmer versehentlich aufgelegt bzw. sie wollten nach Gesprächsende die aufgelaufenen Kosten erfahren. Im Übrigen wurden handvermittelte Ferngespräche ausnahmslos im Rückrufverfahren hergestellt. Auch der Anmeldende bekam das Ferngespräch im Rückrufverfahren zugestellt.
(8) Fangmöglichkeit vom OFLW48, allerdings mussten bei den Systemen mit Hebdrehwählern und Motorwählern die entsprechenden Relaissätze getauscht werden. Der Fangvorgang musste vom gerufenen Teilnehmer bewusst eingeleitet werden, nicht jede Verbindung wurde automatisch gefangen.

(7.3) Leitungswähler

7.3 Spezielle Einrichtungen

Dazu sollen nur die Gebührenzähler für jeden Teilnehmer, die im Bereich des Vorwählers montiert waren und der Signalgeber mit Signalmaschine, hier genannt und durch Bilder gezeigt werden. Die Signalmaschine war ein Einankerumformer, der aus einem Gleichstrommotor für die Spannung von 60 Volt der Amtsbatterie und einem Generatorteil, der für die Erzeugung der Rufwechselspannung von 50 Hz und des Signaltones von 450 Hz sorgte, bestand.

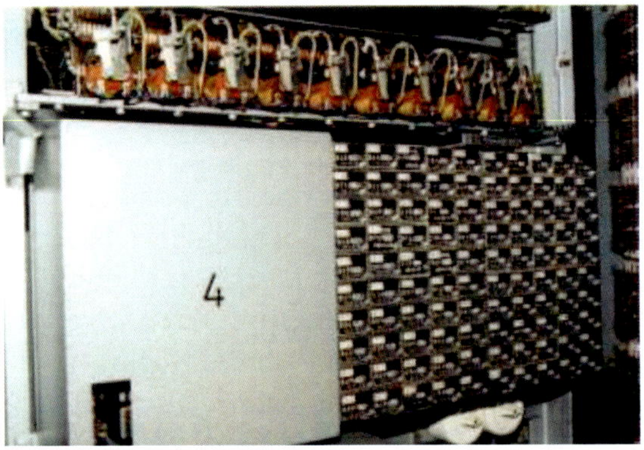

(7.4) Gebührenzähler

(7.5) Signalgeber

7.4 Technischer Aufbau

Der technische Aufbau des Wählsystems 48 folgte im Wesentlichen dem der früheren Systeme 29 und 40.

(7.6) Wählsystem 48 mit Signalgeber im Museum Stegersbach

Schriften zu Kapitel 7

ÖPT (Hrg.): Fernmeldetechnik. Lernbehelf für die Telegraphendienstprüfung II Österr. Staatdruckerei, Wien 1955

8. Das Fernwahlsystem 51

Nach der Automatisierung der Ortsämter mittels des Wählsystems 48 war es naheliegend auch den Fernverkehr, der bisher durch die Fernämter von den Beamtinnen durchgeführt wurde, zu automatisieren. Dafür wurde von der ÖPT unter der Führung des Fernmeldetechnischen Zentralamtes (FZA) ein mit dem Wählsystem 48 kompatibles Fernwahlsystem entwickelt. Im Jahre 1951 war in Zusammenarbeit mit den einschlägigen österreichischen Telefonfirmen dies fertig gestellt. Das FZA ließ sich dabei von den Erfahrungen, die man hier bereits in anderen Ländern, so besonders auch in Deutschland, gemacht hatte, leiten. Das Resultat, das Fernwahlsystem 51 kann aber als eine eigene österreichische Entwicklung, in dem die bisher im handbedienten Fernverkehr angebotenen Leistungen berücksichtigt wurden, angesehen werden.

8.1 Ausbau des Übertragungsnetzes

Als erstes galt es, das bisher entstandene Übertragungsnetz von Leitungen und Kabel, das vielfach die Topologie eines Maschennetzes hatte, neu zu gestalten. Mit Rücksicht auf die in Österreich politisch und geographisch gegebenen einzelnen Bundesländer mit den jeweiligen Hauptstädten wurden die dort einzurichtenden Verteilfernämter (VTA) mit einem Maschennetz verbunden.
Die einzelnen VTA´s waren jedoch das Zentrum eines Sternnetzes, das die Verbindungen zu den am nächsten liegenden Städten, an denen ein Netzgruppenamt (NGA) eingerichtet wurde, verbunden. Diese wiederum stellten den Mittelpunkt für ein Sternetz, das zu den jeweiligen Verbundämtern (VBA) führte. An diesen waren wiederum sternförmig schließlich die Ortsämter (OA) anzuschließen. Auf diese, weitgehend hierarchische und sternförmig gestaltete gestaltete Architektur von Wählämtern und Verbindungen zwischen diesen, musste das Fernwahlsystem 51 Rücksicht nehmen. Es war damit auch festgelegt, dass jedes Ortsamt mit einer vierstelligen Ortskennzahl K= (K1, K2, K3, K4) gekennzeichnet werden konnte, wobei K1 das zuständige VTA, K2 das NGA, K3 das VBA und K4 das dort angeschlossene OA angab. In folgenden sechs Städten waren Verteilfernämter einzurichten: Wien mit K1=2, Graz mit K1=3, Klagenfurt mit K1=4, Innsbruck mit K1=5, Salzburg mit K1=6 und Linz mit K1=7.

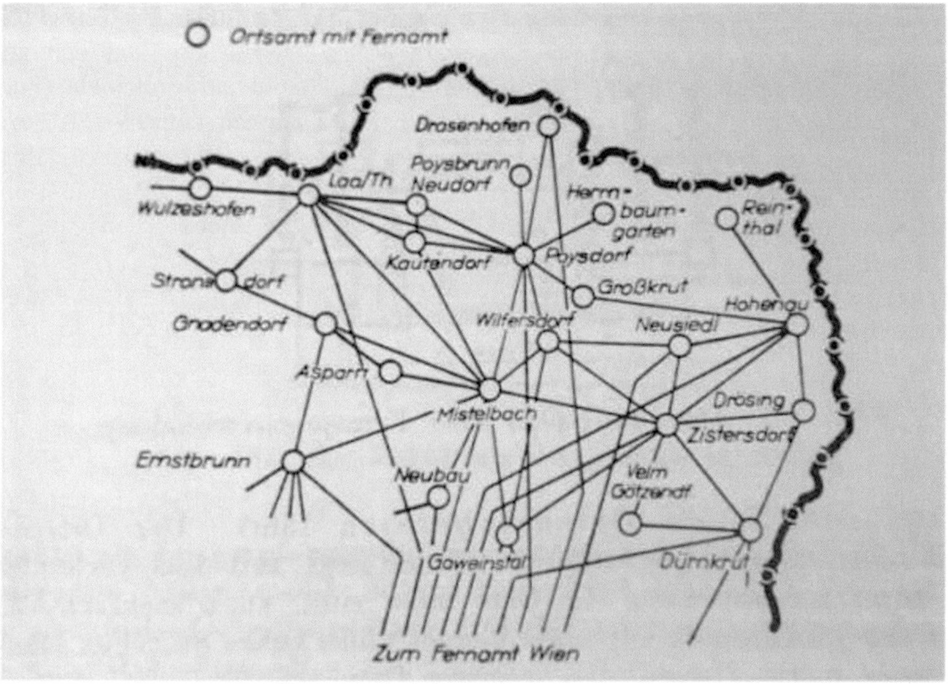

(8.1) Beispiel Maschennetz

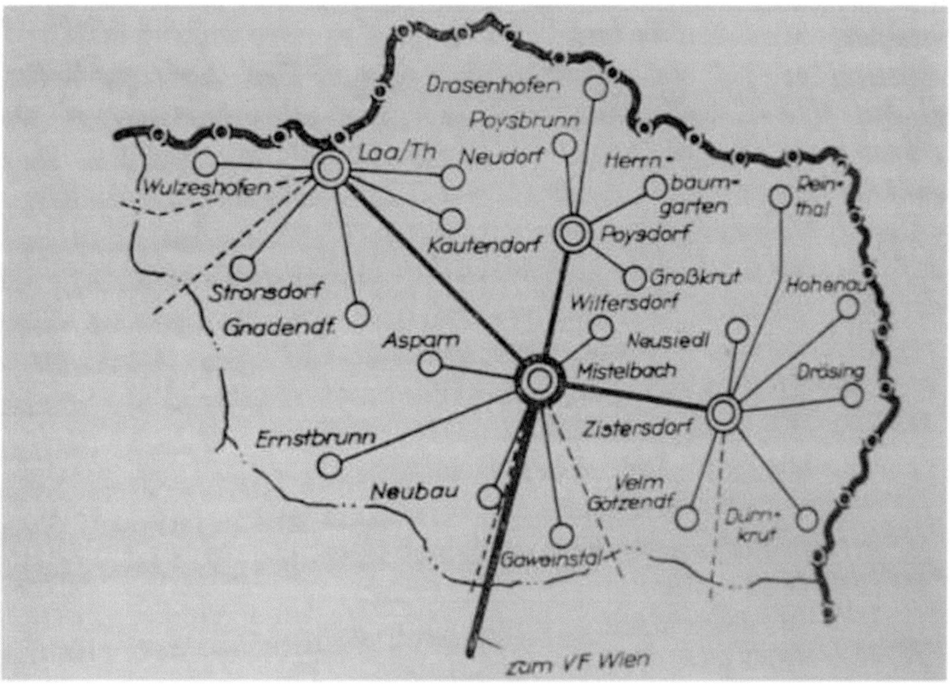

(8.2) Beispiel Sternnetz

Als erstes galt es, das in Österreich bis dahin dafür bestehende Netz von Fernleitungen für den Einsatz im Fernwahlsystem auszubauen und neu zu gestalten. Dieses Netz bestand bisher aus Freileitungen und Erdkabeln. Für längere Kabelstrecken mit Pupinkabel musste in Abständen von etwa 70 km mittels Elektronenröhren eine Verstärkung der Sprachsignale erfolgen. Dafür waren eigene Verstärkerämter eingerichtet. Um ein Beispiel zu geben: Für eine Vierdrahtleitung zwischen Wien und Salzburg waren neben den beiden Endstellen noch in St. Pölten, Amstetten, Linz und Vöcklabruck Verstärkerämter eingerichtet. Man hat zwischen Zweidrahtleitungen, in denen das Sprachsignal auf einer Doppelader in beiden Richtungen übertragen wurde, und Vierdrahtleitungen, mit jeweils einer Doppelader für jede Richtung, zu unterscheiden. Dementsprechend gab es Zweidrahtverstärker und Vierdrahtverstärker. Zur Verstärkung des Sprachsignals wurden spezielle Elektronenröhren mit sehr langer Lebensdauer (Poströhren) eingesetzt, wobei für jede Richtung eine Röhre eingesetzt wurde. Zweidrahtverstärker benötigten eine Gabelschaltung, mit der die durchlaufenden Sprachsignale zur Verstärkung getrennt wurden. Für diese war eine Nachbildung des Übertragungsverhaltens der ankommenden und der abgehenden Zweidrahtleitung erforderlich. Für längere Strecken wurden Zweidrahtverstärker wegen deren möglichen Instabilität nicht eingesetzt. Vierdrahtleitungen mit den entsprechenden Verstärkern waren damit der Normalfall. Der in Österreich eingesetzte Allverstärker 49 konnte sowohl für Zweidrahtleitungen als auch für Vierdrahtleitungen eingesetzt werden.

(8.3) Verstärkeramt

Es war klar, dass ein künftiges Fernwahlsystem mit den bisher eingesetzten Systemen zur Übertragung der Sprachsignale nicht das Auslangen hatte. Es war notwendig hier eine wesentliche Verbesserung dafür zu erreichen. In erster Linie boten sich dafür Trägerfrequenz-Systeme an, die mehrere Sprachkanäle über Kabel zur Verfügung stellten. Als wesentliche Art eines Übertragungssystems zur Realisierung des Maschennetzes zwischen den Verteilfernämtern bot sich in Österreich das Trägerfrequenzsystem über Koaxialkabel an. Dafür konnte die ÖPT die in der Nachkriegszeit zur Verfügung gestellten Mittel des Marshallplanes verwenden. Die ÖPT erwarb damit von der britischen Firma Standard Electric London das Koaxialkkabel System OEB für 600 Telefonkanäle mit der Bandbreite von 300- 3400 Hz. Im Jahre 1952 wurde auf der Strecke zwischen Salzburg und Innsbruck dieses System zunächst mit 120 Kanälen in Betrieb genommen. In den folgenden Jahren erfolgte ein starker Ausbau des Koaxialkabel-Netzes in ganz Österreich womit ein wesentlicher Beitrag für die Realisierung der automatischen Fernwahl in Österreich geleistet wurde. Als weiteres Trägerfrequenz-System, das vor allem für die Verbindung der Netzgruppenämter zu den Verteilfernämtern und den Verbundämtern eingesetzt wurde, war mit dem 12 Kanal-System Z12 K gegeben. Auf einer unbespulten Kabelleitung konnten damit im Frequenzbereich von 6 bis 108 kHz 12 Sprachkanäle eingerichtet werden.

8.2 Der Registerverzoner 51

Eine wesentliche Aufgabe, die von einem automatischen Fernwahlsystem zu leisten ist, besteht in der Festlegung der vom rufenden Teilnehmer zu bezahlenden Gebühr für ein geführtes Ferngespräch. Diese Aufgabe, im Fachjargon als „Verzonung" bezeichnet, wird im Fernwahlsystem 51 von dem in die Verbindung eingeschalteten Registerverzoners 51 durchgeführt. Grundsätzlich sind im Fernwahlsystem 51 zwei verschiedene Arten der Verzonung gegeben. Bei einer Verbindung, die innerhalb einer Netzgruppe hergestellt wird, werden die Gebühren durch das dabei erreichte Endamt (Ortsamt) bestimmt (Endamtsverzonung). Bei Verbindungen, die über die eigene Netzgruppe hinausgehen, werden die Gebühren durch das damit erreichte Verbundamt bestimmt (Verbundamtsverzonung). Der Registerverzoner 51, dessen Funktion wir anschließend beschreiben wollen, hat die Aufgabe abhängig von der Kennzahl des gerufenen Teilnehmers jedoch mit Kenntnis des Verbundamtes des rufenden Teilnehmers die Vergebührung des Gespräches vorzunehmen. Dies geschieht durch Festlegung der Zahl der Zählerimpulse, die pro Minute zum Gesprächszähler des rufenden Teilnehmers zu übertragen sind.

Der Registerverzoner 51 besteht aus folgenden elektromechanischen Bauteilen:

(1) Markierwähler M1, M2, M3
(2) Motorwähler MW
(3) Impulswiederholer IW
(4) Flachrelais (eine größere Zahl)

Im Einzelnen können diese Bauteile wie folgt beschrieben werden:

(1) die Markierwähler M1, M2, M3 sind Drehrelais mit einem Kontaktarm der durch Impulse auf die Lamellen 1, 2, …,10 gesteuert werden kann.
(2) der Motorwähler MW (ein Erzeugnis von Siemens Zürich) besitzt acht Schaltarme, die durch einen Schrittmotor zu insgesamt jeweils 100 Lamellen gesteuert werden können. Im „Dekadenlauf" durchläuft er mit einem Steuerimpuls zehn Schritte, Im „Einerlauf" jeweils nur einen Schritt.
(3) Der Impulswiederholer IW (ein Erzeugnis von Siemens & Halske München) hat als wesentlichen Teil eine Metallscheibe aus Stahlblech mit 66 Lamellen, die auf einem Isolierring aufliegen und durch einen Elektromagneten schrittweise gedreht werden kann. Mit einem weiteren Elektromagneten (Markierungsmagnet) können die Lamellen schrittweise unter den Isolierring geschoben werden. Damit können Blöcke von Impulsen, z. B. ein Block von 4 Impulsen (Wahlziffer 4), wie folgt gespeichert werden: Mit jedem Impuls dreht sich die Lamellenscheibe um einen Schritt weiter. Beim ersten Impuls bleibt eine Lamelle oberhalb des Isolierringes. Bei den weiteren 3 Impulsen werden die nachfolgenden Lamellen durch den Markierungsmagneten unter den Isolierring gedrückt. Ein IW kann damit auf diese Weise Blöcke von Wahlimpulsen deren Summe bis 66 gehen kann, speichern. Die Auslesung des gespeicherten Impulsblock geschieht bei unserem Beispiel folgendermaßen: Der Greifarm läuft schrittweise zurück und tastet die Lamellenscheibe ab. Bei Erreichen der oberhalb des Isolierringes liegenden Lamelle beginnt die Aussendung des ersten Impulses, es folgt dann der zweite, der dritte und vierte Impuls. Anschließend erreicht der Greifarm eine Lamelle womit das Ende der Aussendung des abgespeicherten Blockes erreicht ist. Mit jedem Schritt des Greifarmes wird zugleich von einem Impulsrelais ein Impuls ausgegeben. In unserem Beispiel wurden vier Impulse, die der Wahlziffer 4 entsprechen, ausgegeben.

(8.4) Motorwähler

(8.5) Impulswiederholer

(8.6) Registerverzoner 51

8.3 Verbindungsaufbau und Verzonung

Im Folgenden soll nun die Rolle des Registerverzoners 51 (RV51) für den Aufbau einer Fernverbindung und die damit erfolgte Verzonung behandelt werden. Jeder Teilnehmer eines Ortsamtes erreicht im zugehörigen Verbundamt mit der Verkehrs-Ausscheidungsziffer 0 in freier Wahl einen Registerverzoner mit fest zugeordnetem Verbund-Gruppenwähler VBGW. Es erfolgt dann die Wahl der Ortskennzahl K=(K1, K2, K3, K4) des gewünschten Teilnehmers. Die Zahlen K1, K2 und K3 werden in die Markierwähler MW1, MW2 und MW3 eingetragen, die ganze Kennzahl wird im Impulswiederholer IW abgespcichert. Gehört der rufende Teilnehmer und der gerufene Teilnehmer zum gleichen Verbundamt, sind also K1, K2 und K3 bei beiden gleich, so hat der RV51 die Aufgabe bei der Ausgabe K1, K2 und K3 zu unterdrücken und nur K4 auszusenden. Zur Vergebührung wird die Endamtsverzonung angewendet. Dies geschieht dadurch, dass der Motorwähler auf die Lamelle K3K4 gesteuert wird und über den Schaltarm 8 die örtlich verdrahtete Gebühr mit Gesprächsbeginn aktiviert wird. Im Falle, dass beide Teilnehmer nicht zum gleichen Verbundamt aber zum gleichen Netzgruppenamt gehören, wenn also nur K1 und K2 bei beiden Kennzahlen gleich sind, so müssen vom RV51 die Zahlen K1 und K2 unterdrückt werden, zur Aussendung vor K3, K4 des gerufenen Teilnehmers jedoch eine 0 gesetzt werden. Diese Null wird mit einer besonderen Schaltung im RV51 durch einmaligen Durchlauf des Motorwählers erzeugt. Damit wird vom VBGW der Netzgruppenwähler I.NGW erreicht von dem aus das mit K3 fixierte Verbundamt und von dort mit K4 das gewünschte Endamt erreicht. Auch für diesen Fall gilt die Endamtsverzonung. Die Gebühr wird mittels der Steuerung des Motorwählers auf Lamelle K3K4 über den Schaltarm 8 durch die dort erreichte örtliche Verdrahtung festgesetzt.

Gehören beide Teilnehmer zum gleichen Verteilfernamt jedoch zu verschiedenen Netzgruppen, ist als bei beiden Rufnummern K1 gleich, so ist vom RV51 die Ziffer K1 zu unterdrücken, den weiteren Wahlziffern K2, K3, K4 jedoch zweimal die Null vorzusetzen, also 0,0.K2,K3,K4 auszusenden. Die beiden Nullen werden nun durch zweimaligen Durchlauf vom Motorwähler MW erzeugt. Mit der ersten Null wird der I.NGW erreicht, mit der zweiten Null der I.FGW und mit K1 der II.FGW der mit K2 die Verbindung zur gewünschten Netzgruppe herstellt. Die Vergebührung erfolgt jedoch in diesem Fall als Verbundamtsverzonung, das bedeutet, dass nur die Ziffern K2 und K3 dazu herangezogen werden. Die Bestimmung der Gebühr geschieht ähnlich wie früher: Der Motorwähler MW wird auf die Lamelle K2K3 gesteuert und nun über den 7. Schaltarm gemäß der örtlich vorgenommenen Schaltung die entsprechende Gebühr aktiviert. Schließlich ist noch der Fall zu behandeln, dass der rufende und der gerufene Teilnehmer zu verschiedenen Verteilfernämtern gehören. In diesem Fall ist es auch notwenig, dass der RV51 der Kennzahl des gerufenen Teilnehmers zwei Nullen voransetzt, also 0,0,K1,K2,K3,K4 aussendet um im Verteilfernamt den I.FGW zu erreichen an dessen Ausgängen die daran angeschlossenen Verteilfernämter liegen. Für die Bestimmung der Gebühren wird wieder der Motorwähler jedoch nun unter Verwendung der Einstellung des Markierwählers 1, die das angewählte Verteilfernamt angibt, herangezogen. K1 bestimmt damit die Auswahl der Schaltarme über die nach der Steuerung auf die Lamelle K2K3 die entsprechende Gebühr bestimmt wird.

Unsere Darstellung des Registerverzoners 51 konnte nur versuchen die prinzipielle Funktionsweise der Verzonung und die Rolle des Motorwählers dafür sowie zum Aufbau der Fernverbindungen darzustellen. Auf die dabei eingesetzten Relaisschaltungen, die die geforderten Operationen realisieren, konnte dabei nicht eingegangen werden. Im Rahmen dieser Schrift ist dies auch nicht von großer Bedeutung. Auch auf andere Besonderheiten, wie etwa auf die Sonderdienste oder mögliche Querverbindungen konnte auch nicht eingegangen werden. Zum Abschluss sollte aber angemerkt werden, dass die Entwicklung des Registerverzoners 51 als eine für die damals mit rein elektromechanischen Mitteln realisierte Vermittlungstechnik große Leistung der daran beteiligten Techniker des FZA und der Wiener Telefonfirmen anzusehen ist.

(8.7) Registerverzoner und Gruppenwähler

8.4 Übertragung der Wählimpulse und der Zählerimpulse

Die vom Registerverzoner 51 zu den einzelnen Wählern ausgehenden Wählimpulse sowie die Zählerimpulse, die vom Registerverzoner 51 zum Gebührenzähler des rufenden Teilnehmers gehen, müssen sowohl Zweidraht-Verbindungen als auch Vierdraht-Verbindungen, wie diese zur Übertragung der Sprachsignale vorliegen, überwinden. Da Wählimpulse als auch Zählerimpulse Gleichstromsignale sind, müssen geeignete Einrichtungen eingeschaltet werden, damit diese über Zweidraht- und Vierdrahtleitungen übertragen werden können. Im Falle einer Zweidrahtleitung die mittels einer Freileitung, Luftkabel oder Erdkabel realisiert ist und keine Verstärker eingeschaltet hat, kann eine Gleichstrom-Übertragung (GÜ) oder eine Wechselstrom-Übertragung (WÜ) dafür genommen werden. Eine GÜ funktioniert im Prinzip so, dass die Gleichstromimpulse an der Eingangsseite mittels eines Übertragers symmetrisch auf beide Adern der Leitung gelegt werden. Am Ende der Zweidrahtleitung werden von den beiden Adern an einem Übertrager die Gleichstromimpulse symmetrisch wieder abgenommen und dem Empfangsrelais zugeführt.

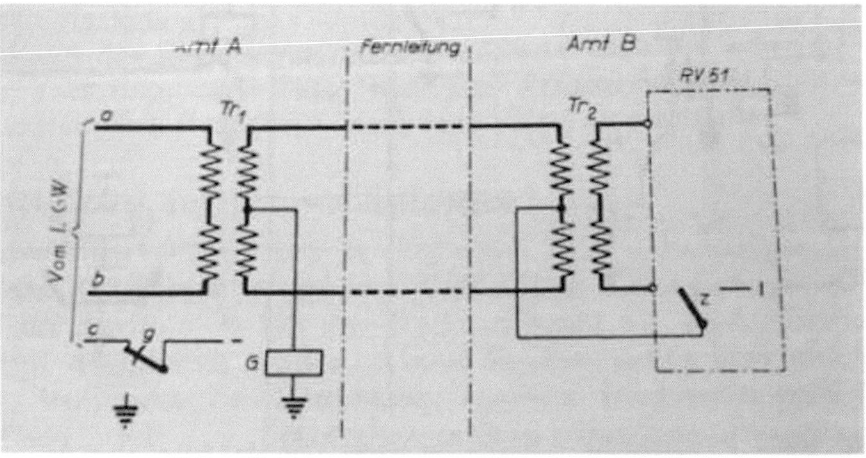

(8.8) Gleichstromübertragung (Prinzipschaltbild)

Eine Wechselstrom-Übertragung (WÜ) hat im Prinzip folgende Funktion: Die zu sendenden Gleichstromimpulse werden mittels eines Relais in Wechselstromimpulse mit der Frequenz von 50 Hz umgesetzt und mittels der Einschaltung eines Übertragers auf die Zweidrahtleitung gegeben. Auf der Empfangsseite werden die empfangenen Wechselstromimpulse mittels Doppelgleichrichtung in Gleichstrom umgesetzt, und das Empfangsrelais damit ein geschalten. Mittels eines Relaiskontaktes werden die Gleichstromimpulse wieder hergestellt.

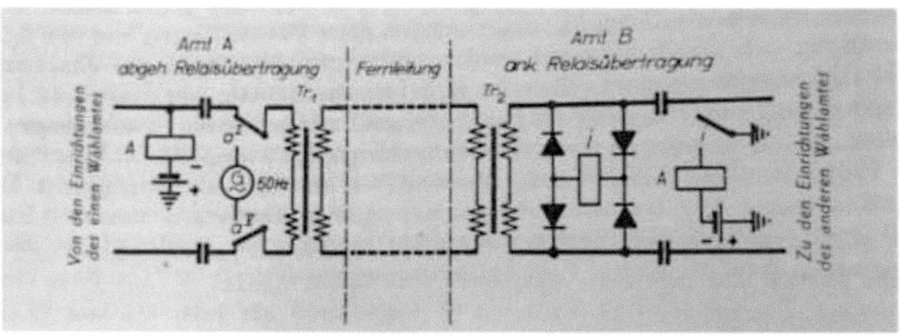

(8.9) Wechselstromübertragung (Prinzipschaltbild)

Im Falle einer Vierdrahtverbindung über eine Vierdraht-Verstärker Strecke, einem Zwölf kanal- Übertragungssystem oder über den Kanal eines Koaxialkabel Systems werden die Gleichstromimpulse mittels Tonfrequenz-Signale mit einer Frequenz von 2.280 Hz übertragen. Dies geschieht mit der Tonfrequenzübertragung (TfÜ) in Zusammenarbeit mit einem Tonsignal-umsetzer (TSU) in der folgenden Weise: Auf der Sendeseite werden die von einem Relais der TfÜ geschalteten Gleichstromimpulse im TSU in Tonfrequenzimpulse von 2.280 Hz umgesetzt und gesendet. Auf der Empfangsseite werden im TSU mit einer Röhrenschaltung die Tonsignalimpulse wieder in Gleichstromimpulse umgesetzt und betätigen in der TfÜ das Empfangsrelais. Während der Gleichstromteil der Übertragung im Bereich eines Wählamtes ist, ist der TSU im zugehörigen Verstärkeramt untergebracht.

8.5 Einsatz des Fernwahlsystems 51

Die erste Erprobung des Fernwahlsystems 51 geschah im Jahre 1953 in Kärnten mit der Einschaltung des Verbundamtes St. Veit a. d. Glan. Es folgte die Vollautomatisierung des gesamten Fernsprech-Fernverkehrs der Länder Kärnten (1954), Vorarlberg (1954), Tirol (1955), Salzburg (1959), Steiermark (1970), Burgenland (1970), Wien (1971), Oberösterreich (1971) und Niederösterreich (1972). Das Fernwahlsystem 51 bewährte sich sehr zufriedenstellend und war bis zum Jahre 1997 in Österreich in Betrieb.

Eine Nebenbemerkung aus persönlicher Erfahrung: Der Verfasser war in den Jahren 1956 bis 1962 im Netzgruppenamt und Verteilfernamt Salzburg als Servicetechniker tätig. In Salzburg kam es damals neben der Inbetriebnahme der Verbundämter und Netzgruppenämter auch zu den ersten Fernverbindungen nach Innsbruck und versuchsweise auch nach München. Zusätzlich wurde auch der „Kleine Grenzverkehr“ mit dem bayrischen Hauptamt Traunstein, das die Rolle eines Netzgruppenamtes hatte, eröffnet. In diesen Jahren war der Aufbau des Fernwahlsystems 51 noch voll in Gange und zusammen mit den Kollegen wurde dessen Funktion zum Zwecke der Wartung und der Störungsbehebung eifrig studiert. Die Arbeit an dieser Schrift erforderte, dass er sich nach beinahe 70 Jahren wieder mit dem Registerverzoner 51 sich zu befassen hatte.

Schriften zu Kapitel 8

ÖPT (Hrg.): Fernmeldetechnik. Lernbehelf für die Telegraphendienstprüfung II
Österr. Staatdruckerei, Wien 1955

9. Die Weiterentwicklung der Wählsysteme in Österreich

Nach der Entwicklung des Wählsystems 48 und des Fernwahlsystems 51 und deren Inbetriebnahme stellte sich für die ÖPT die Aufgabe einer Weiterentwicklung dieser. Es kamen dafür grundsätzlich zwei Richtungen in Betracht:

(1) für das Wählsystem 48 unter Beibehaltung der elektromechanischen Technologie eine verbesserte Version zu erhalten
(2) eine Verbesserung des Wählsystems 48 dadurch zu erhalten, dass die bisherige Relaissteuerung beim Verbindungsaufbau durch eine elektronische Steuerung ersetzt wird.

Beide Richtungen wurden verfolgt. Die Weiterentwicklung in Richtung (1) wurde mit dem Übergang zu dem Motorwähler System W48-M und auch zum Koordinatenschalter System W 48-HK erreicht. Die Weiterentwicklung in Richtung (2) führte zu den Systemen W48- ESK A von Siemens und zum System W48-11 von Alcatel. Beide Systeme benutzen die indirekte Wahl, das heisst, dass die Verbindung im Sprechwegenetzwerk erst nach Eingabe der Nummer des gerufenen Teilnehmers hergestellt wird. Das Sprechwegenetzwerk ist bei diesen Systemen ein Koppelfeld. Bei den Systemen W48-ESK A ist dieses mittels des bei Siemens entwickelten Edelmetall Schnellkontaktrelais (ESK Relais) aufgebaut, beim System W48-11E wird mittels Mini-Koordinatenschalter (Miniswitch) das Koppelfeld gebildet. Als weiteren Vertreter der Richtung (2) soll noch das von Telefunken gebaute Wählsystem W48-OHS das den von Telefunken im Jahre 1961 vorgestellten Ordinaten-Haftschalter zum Aufbau des Koppelfeldes einsetzte, genannt werden.
Während die genannten Systeme von Siemens und Alcatel zu einem praktischen Einsatz zur Realisierung von Ortsämtern führten, war das Telefunken System nur als Versuchsamt eingesetzt.

Das Fernwahlsystem W51 konnte durch den Einsatz des Wählsystems W51-ESK-F von Siemens eine Ergänzung. Das Koppelfeld wurde auch hier mit ESK Relais realisiert, die elektronische Steuerung hatte alle Funktionen, die beim Fernwahlsystem 51 durch den Registerverzoner geleistet werden, abzudecken

9.1 Das Motorwählersystem W48-M

Das Wählsystem 48 wurde bei diesem System in der Grundstruktur im Wesentlichen beibehalten. Die Änderung betraf die Ausstattung der Gruppenwähler und des Leitungswählers mit dem Motorwähler 30 von Siemens. Wie dieser bereits im Registerverzoner 51 angewendet wurde. Dies bedeutete im Vergleich zu dem bisher im W48 System eingesetzten Hebdrehwähler 27 eine größere Betriebssicherheit. Auch konnten damit Vierdrahtverbindungen hergestellt werden

(9.1) Motorwähler mit Relaissätzen im Wählsystem W48-M

Das erste Wählamt W48-M wurde 1956 in Wien Stadlau eingeschaltet. In Oberösterreich können dafür die Ämter Lambach (1962) und Linz Anastasius Grün Strasse (1966) genannt werden. In Linz wurde 1972 im neuen Fernmelde-Gebäude in der Fadingerstrasse das neue Wählamt mit Motorwählern eingerichtet.

9.2 Das Koordinatenschalter-Wählsystem W48- HK

In Ergänzung zu den direkten („step by step“) Systemen W48 und W48-M beschloss die ÖPT auch ein indirektes elektromechanisches Wählsystem mit einem mittels Koordinatenschalter aufgebauten Koppelfeld als Sprechwege-netzwerk in Betrieb zu nehmen. Die dafür in Frage kommenden Lieferfirmen war in Deutschland die Firma Standard Electric Lorenz (SEL) und in Österreich Alcatel. Neben üblichen Flachrelais waren als Bausteine Koordinatenschalter und Zählmagneten wesentliche Bausteine. Koordinatenschalter sind historisch gesehen Nachfolger der Kreuzschienen-Verteiler (in Österreich auch als „Steinheil Wechsel“ bekannt) wie man diese in Eindraht- Telegraphie-Vermittlungen seinerzeit verwendet hat. Sie bestehen aus eine Reihe von senkrechten Brücken mit Elektromagneten und waagrecht angeordneten Stangen, die mittels eines Elektromagneten geschwenkt werden können. Wird ein Stangenmagnet und ein Brückenmagnet unter Strom gesetzt, so werden am

Kreuzungspunkt Kontakte geschlossen. Damit ist eine Kopplung einer „Stangenleitung“ mit einer bestimmten „Brückenleitung“ durchgeführt.

(9.10) Koordinatenschalter

Mit einem Zählmagnet liegt ein Baustein vor, der in der Lage ist die 10 möglichen Wahlimpulse von 1 bis 10 dauerhaft zu speichern. Mit einem Löschimpuls kann die Speicherung wieder aufgehoben werden. Für die Dauer der Speicherung ist keine Stromquelle erforderlich.

(9.11) Zählmagnet

Als erstes Wählamt des Typs W48-HK wurde in Wien im Jahre 1957 das Amt Wien Döbling in Betrieb genommen. Im Jahre 1959 folgte das Amt Wien Berggasse.

(9.12) Wählamt W48-HK Wien Döbling

9.3 Die ESK Vermittlungen W48- ESK A

Mit der Entwicklung der der Digitaltechnik war es naheliegend, die Steuerung und Signalisierung der Zustandskennzeichen, die in den elektromechanischen Wählvermittlungen durch Relais wahrgenommen wurden, mittels digitaler Schaltungen vorzunehmen. Die Durchschaltung der Verbindungen im Sprechwegenetzwerk, das als ein Raumvielfach vorlag, musste jedoch weiterhin durch elektrische Kontakte „galvanisch“ geschehen. Von der Firma Siemens München wurde dazu der ÖPT eine Lösung für ein halbelektronisches Vermittlungsamt angeboten: Das Sprechwegenetzwerk wurde als Koppelfeld bestehende aus Streifen von neuartigen Relais, dem ESK Relais (ESK steht für „Edelmetall Schnell Kontakt) gebildet, die Steuerung wurde elektronisch mittels eines fest gespeicherten Programmes (SPC Steuerung, SPC steht für Stored Program Control) durchgeführt.

(9.13) Einschub mit ESK Relais und elektronischer Steuerung

(9.14) ESK Relais Streifen (Nahaufnahme)

Von der ÖPT erfolgte in Zusammenarbeit mit Siemens Wien die Entwicklung des Wählsystems W48- ESK A. Als erstes Wählsystem des Typs W48 ESK A3 wurde ein solches im Jahre 1966 in Absdorf, Niederösterreich, in Betrieb genommen. Weitere Einschaltungen erfolgten in den Bundesländern. Neben des Typs A3 wurde ab 300 Teilnehmer der Typ A5 mit Mikroprozessor Steuerung eingeführt.

(9.15) ESK Wählvermittlung im Telekom Museum Ried

9.4 Die Ordinaten Haftschalter Vermittlung von Telefunken

Die bekannte deutsche Firma Telefunken, bekannt und berühmt vor allem durch die dort entwickelten Geräte der frühen Funktechnik (von den Löschfunken Sendern bis zu den Hochfrequenzdynamos der Übersee Station Nauen), entwickelte ebenfalls ein halbelektronisches Vermittlungssystem. Grundlage dafür war der bei Telefunken entwickelte Ordinaten Haftschalter (OHS) mit dem das Sprechwegenetzwerk aufgebaut wurde. Die notwendige Steuerung dazu war in Form eines frei programmierbaren digitalen Prozessors gegeben. Während Telefunken in Deutschland mit diesem Vermittlungssystem keinen Erfolg hatte, fand es in Österreich Interesse und es wurde ein Versuchsamt errichtet. Im Jahre 1967 konnte die ÖPT in Alland ein W48- OHS Amt in Betrieb nehmen.

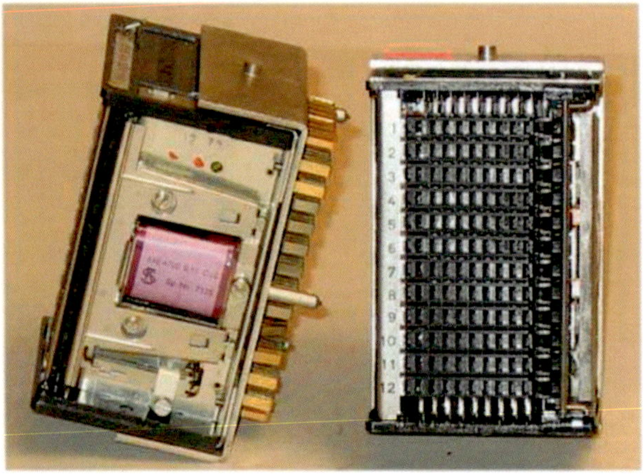

(9.16) Ordinaten Haftschalter

(9.17) Koppelfeld im OHS Versuchsamt Alland, N.Ö.

9.5 Weiterentwicklung des Fernwahlsystems

Neben der Weiterentwicklung der Ortsämter war in Österreich die ÖPT auch daran interessiert, das Fernwahlsystem 51, dessen Kernstück der Registerverzoner 51 war, mittels der neuen nun vorhandenen elektronischen digitalen Technologie weiter zu entwickeln. Die bisher dafür eingesetzte Methode der Direktwahl mittels elektromechanischer Wähler und Relais war dafür nicht geeignet. Es bot sich als Architektur vor allem die der bereits im Ortsbereich eingesetzten indirekten Wahlsysteme mit einem Sprechwegenetzwerk aus Koppelfeldern von ESK Relais oder Koordinatenschaltern, an. Die Steuerung hatte vollelektronisch mit digitalen Bausteinen zu geschehen. Eine weitere Neuerung im Fernwahlsystem wurde durch die Möglichkeit der Aufgabe der bisher für das Leitungsnetz festgelegten hierarchischen Gestaltung nahegelegt. Mit dem inzwischen stattgefundenen Ausbau der Übertragungsstrecken mittels Koaxialkabel und Richtfunk war es möglich geworden den über den Ortsverkehr hinausgehenden Verkehr über das Netzgruppenamt zu führen und auch Leitwege zwischen Netzgruppenämter damit einzurichten. Die Aufgaben, die im Fernwahlsystem 51 der Registerverzoner eingenommen hatte konnten damit hauptsächlich von der Ebene der Netzgruppen aus wahrgenommen werden. Die Erweiterung des Fernwahlsystems war damit hauptsächlich dort durchzuführen und es galt die Netzgruppenämter neu zu gestalten. In diesem Zusammenhang wurden in Österreich zwei neue Typen von Vermittlungsämtern für die Fernwahl entwickelt. In Zusammenarbeit mit Siemens Wien entstand das Vermittlungssystem W48- ESK F, in Zusammen mit ITT Austria wurde das Vermittlungssystem W48 11E entwickelt. Während das System W48 ESK F als Grundbaustein für das Sprechwegenetzwerk das ESK Relais von Siemens einsetzte, kam beim W48- 11E F System mit dem im Jahre 1971 entwickelten „Miniswitch" ein stark verkleinerter Koordinatenschalter zum Einsatz. Dieser konnte 4 Vierdraht Eingänge zu 16 Vierdraht Ausgängen verbinden.

(9.18) Miniswitch von ITT Austria

Im Netzgruppenamt Bruck/Leitha wurde bereits im Jahre 1975 eine W48-11E F Vermittlung („Metaconta Vermittlung“) in Betrieb genommen. Bereits 1971 war jedoch eine solche Vermittlung für den Fernverkehr nach Deutschland am Hauptbereichsamt Wien Börseplatz eingerichtet worden. Im Jahre 1976 konnte als erstes Amt das Hauptbereichsamt Linz mit einer W48-ESK F Vermittlung ausgestattet werden.

(9.19) Vermittlung W48-11E F im Netzgruppenamt Bruck an der Leitha

(9.20) W48- ESK F Vermittlung im Telekom Museum Ried

10. Digitale Vermittlungen

10.1 Historischer Rückblick

Die Telefon-Vermittlungstechnik befasst sich allgemein mit der automatischen Anwahl eines gewünschten Gesprächsteilnehmers und dem Herstellen einer Gesprächsverbindung. Bis zum Entstehen der Halbleiter-Elektronik und der Mikroelektronik wurden Vermittlungssysteme auf elektromagnetischer Grundlage realisiert. Neben Wähler in Form von Schrittschaltwerken, als Drehwähler oder Hebdrehwähler ausgeführt, gab es auch den Koordinatenschalter (engl. crossbar switch), eine Art Kreuzschienenschalter, mit denen vom rufenden Teilnehmer zum gewünschten Teilnehmer die Sprechverbindung über Kontakte hergestellt wurde. Zur Realisierung der Steuerung wurden elektromagnetische Relais eingesetzt. Vermittlungssysteme dieser Art waren bis in die 1970´er Jahre international in Gebrauch. Mit dem Entstehen der Halbleiter-Elektronik war die Möglichkeit gegeben, die Relaissteuerung durch entsprechende digitale elektronische Schaltungen in Halbleitertechnik zu ersetzen. Dies gelang für die zu einem Verbindungsaufbau notwendige Steuerung und Signalisierung der jeweiligen Zustände befriedigend. Für das Sprechwegenetzwerk, wie dieses durch die Kopplung von einzelnen Stufen von Wählern oder Koordinatenschaltern gebildet wird, konnte mit den Mitteln der Halbleiter-Elektronik zu Beginn keine befriedigende Lösung gefunden werden. Jedoch gelang es, dieses durch Verwendung das bei Siemens in Deutschland entwickelte ESK Relais (ESK steht für „Edelmetall Schnell Kontakt") wesentlich zu verbessern. Vermittlungssysteme dieser Art, die als SPC Systeme (SPC bedeutet speicherprogrammierte Steuerung) bezeichnet wurden, waren bis in die 1990´er Jahre in Gebrauch. Mit den Vermittlungssystemen mit Koordinatenschalter oder mit ESK Koppelbausteinen im Sprechwegenetzwerk war der letzte Stand der elektromechanischen Technik erreicht.

(10.1) Mini-Koordinatenschalter

(10.2) ESK Platine (Ausschnitt)

(10.3) Koordinatenschalter Nebenstellen Anlage (10.4) ESK Wählvermittlung

10.2 Digitale Sprechwegenetzwerke

Bereits ab den 1950´er Jahren gab es international Bemühungen zur Schaffung elektronischer Vermittlungen. Als Schaltmittel wurden zunächst dafür Elektronenröhren und auch spezielle Glimmlampen eingesetzt. Mit dem Fortschritt der Transistortechnik und der magnetischen Speicherung für digitale Signale wurde es möglich Vermittlungen mit elektronischer Steuerung und Signalisierung zu realisieren. Das Sprechwegenetzwerk das zur Konzentration und zur Durchschaltung der Leitungen der wichtigste Baustein jedes Telephon-Vermittlungsamtes ist, musste jedoch weiterhin elektromechanisch mit Relais-Kontakten ausgestattet werden. Um auch das Sprechwegenetzwerk elektronisch realisieren zu können, waren neue Ideen zu dessen Gestaltung notwendig.

Eine derartige Möglichkeit konnte prinzipiell darin bestehen, das Sprechwegenetzwerk mittels eines Frequenzmultiplex- Systems zu realisieren. Angeblich wurde versuchsweise in Leningrad (UdSSR), dem heutigen St. Petersburg (Russland), ein solches Telefon-Vermittlungssystem in Betrieb genommen. Vom österreichischen Nachrichtentechniker Henning Harmuth wurde unter Zugrundelegung des orthogonalen Funktionensystems der Walshfunktionen mit dem SDMA System (SMDA steht für „Sequency Division Multiple Access"), ein darauf basiertes Multiplexsystem vorgeschlagen. Bei diesem tritt an Stelle des Parameters der Frequenz einer Sinusschwingung die Sequenz einer Walshfunktion. Diese ist definiert als die halbe Anzahl der Vorzeichenwechsel pro Sekunde von dieser. Der Verfasser dieser Schrift hat sich in seiner Dissertation mit den Walshfunktionen befasst. In Kenntnis der Arbeiten von Harmuth entstand im Anschluss der Plan für den Entwurf einer vollelektronischen Telefonvermittlung mittels eines SDMA Sprechwegenetzwerkes. Im Jahre 1968 arbeitete er diese Idee im Auftrag der Firma Schrack Wien in einem Bericht so weit aus, dass man damit eine Grundlage zu weiteren Arbeiten hatte. Zu diesen kam es aber nicht. Ein Hauptgrund war wohl damals, dass es sich wohl um ein vollelektronisches System handelte, jedoch war es analog und nicht digital. Später wurde jedoch in den USA von der Firma Qualcom in der Mobiltelefonie diese Idee wieder aufgegriffen und für PCM Signale mittels Walsh-Codes in digitaler Technik eine CDMA-Vermittlung (CDMA steht für „Code Division Multiple Access") realisiert.

Den Durchbruch zu einer digitalen elektronischen Vermittlung wurde jedoch mit der Realisierung des Sprechwegenetzwerkes durch den Übergang auf eine Zeitteilung erreicht. Dieser Übergang war im Prinzip bereits durch das von Shannon gefundene Abtasttheorem und die von ihm erfundene Pulscode-modulation (PCM) vorbereitet worden. Durch Abtastung erhält man zeitdiskrete Signale deren Amplituden mittels PCM digital codiert werden können. Um eine Vielfachausnützung zu erreichen, müssen die einzelnen zeitdiskreten Signale jedoch zeitlich aneinander gereiht werden. Dieses Verfahren wird allgemein als TDMA Verfahren bezeichnet (TDMA steht für „Time Division Multiple Access"). Der Aufbau des Koppelnetzes zur Realisierung des Sprechwege-netzwerkes erfolgt dabei mittels einzelner Moduln. Zum Beispiel kann mit jeweils 32 PCM Kanäle für Sprachsignale und zwei zusätzlichen Kanäle für die Signalisierung ein solcher Modul gebildet werden. Indem man 16 solche Moduln in bestimmter Weise koppelt kann ein „Raum-Zeitvielfach" für 240 Kanäle erzeugt werden. In konventioneller Bauweise würde dafür eine Koppelmatrix mit ca. 60.000 Kreuzungspunkten notwendig sein. Zur Realisierung eines solchen Koppelfeldes mittels Hardware können heute mit Vorteil spezielle Signalprozessoren, ausgeführt als integrierte digitale Schaltungen, eingesetzt werden. Erst der Einsatz der Mikroelektronik und der damit geschaffenen Computertechnik ermöglichte es, damit digitale vollelektronische Telefon-Vermittlungssysteme dieser Art zu realisieren. Einen Überblick zur Geschichte dieser elektronischen digitalen Vermittlungssysteme in den USA kann im Internet mit dem Suchtext „Telephone Switching Systems of North America" erreicht werden wo die Entwicklung der Systeme #1ESS bis #5ESS der Firma Western Electric/Lucent dargestellt ist. Für das von Siemens in Deutschland entwickelte System EWSD (Elektronisches Wähl-Systems Digital) sei hier auf die am TGM in Wien angefertigte Studienarbeit von Otto Liebminger aus dem Jahre 2004, die ebenfalls über das Internet erreicht werden kann hingewiesen.

10.3 Das digitale Vermittlungssystem OES

In Österreich wurde zur Entwicklung eines vollelektronischen digitalen Vermitttlungssystems eine Zusammenarbeit zwischen den Firmen Kapsch, Schrack, ITT Austria und Siemens vereinbart. Als Resultat entstanden in diesem

Zusammenhang in Österreich die Systeme OES-D und OES-E. Das System OES-E orientierte sich in der technischen Ausführung nach dem System EWSD von Siemens. Das System OES-D dagegen wurde nach dem Vorbild des Systems DMS 100 von Northern Telekom (Kanada) errichtet. In beiden Systemen wurde für das elektronische digitale Sprechwegenetzwerk zur Trennung der Signale das Prinzip des Zeitmultiplexverfahrens eingesetzt.

Ab dem Jahre 1986 erfolgte die Umstellung der bisherigen „analogen" Vermittlungen auf das OES System. In den Ländern Salzburg und Oberösterreich wurde ausschließlich das System OES-E eingesetzt. Als erstes solches OES-E Amt wurde in Oberösterreich im Jahre 1988 das Wählamt Linz-Kleinmünchen in Betrieb genommen. Bereits im Jahr 1999 konnte die Digitalisierung der österreichischen Vermittlungsämter abgeschlossen werden.

In Österreich bemüht sich der Verein „Nachrichtentechnik Einst und Jetzt" um den Erhalt der verschiedenen Vermittlungssysteme der seinerzeitigen ÖPT. In der oberösterreichischen Stadt Ried im Innkreis hat dieser Verein, mit Unterstützung von Telekom Austria eine Sammlung (Telekom Museum Ried) davon aufgebaut. In dieser befindet sich auch als Beispiel ein elektronisches Vermittlungsamt des Typs OES-E. In der homepage dieses Vereins (über Internet zu erreichen) gibt es auch eine genaue Funktionsbeschreibung davon, auf die wir den Leser, der Näheres dazu in Erfahrung bringen will, verweisen. Im Jahre 1999 waren alle „analogen" Vermittlungsämter auf digitale OES Vermittlungen umgeschaltet.

(10.5) Fern- Vermittlungsamt von Nortel / Kapsch für das System OES-D

(10.6) OES-E Wählamt im Telekom Museum Ried

(10.7) Einschub mit mikrolektronischen Bausteinen im OES-E System in Ried

Mit der Schaffung des Internets um das Jahr 2000 ergaben sich für die Festnetz-Telefonie neue Möglichkeiten. Das damit entwickelte Internet Protokoll (IP) gestattete die Übertragung von Daten in Paketform, Dieses erlaubte auch, dass als Pakete Sprachdaten und zugehörige Signalisierungen genommen werden. Mit dem konnte damit auch ein digitales Vermittlungssystem realisiert werden. Von Telekom Austria wurde diese neue Technologie wahrgenommen und bereits im Jahre 2009 begann man die TDM-Vermittlungen, wie diese nach dem

System OES vorhanden waren, auf IP Vermittlungen umzustellen. So wurde zum Beispiel in Linz das OES-E Amt Linz Leonfelderstrasse als eines der letzten im Jahre 2012 auf IP umgeschaltet. Heute sind alle OES Vermittlungen außer Betrieb genommen. Ihre Rolle wird im All-IP System der Telekom Austria für alle Teilnehmer des Festnetzes neben dem Internet von zwei „Spezialrechnern“ in Linz (Fadingerstrasse) und Wien (Arsenal), die für die Signalisierung zuständig sind, wahrgenommen.

10.4 Digitale Übertragungstechnik

In der Telefon-Übertragungstechnik geht es darum Sprachsignale möglichst unverfälscht über eine räumliche Distanz vom rufenden Teilnehmer zum gerufenen Teilnehmer zu übertragen. In der traditionell dafür eingerichteten Analogtechnik wurden dafür in der Vergangenheit in den ersten Jahren des Telefons elektrische Freileitungen und in die Erde verlegte Kabel eingesetzt. Im Allgemeinen gilt es, mehrere solche Verbindungen herzustellen, so dass zugleich mehrere Doppelleitungen als Freileitungen und mehrere Doppeladern in Kabeln benötigt wurden. Die Übertragungsqualität konnte mit den Ergebnissen der bereits für die Telegraphie geschaffenen Leitungstheorie gesichert werden. Das unerwünschte Nebensprechen zwischen den einzelnen Doppelleitungen und den Kabeladern wurde durch Kreuzungspläne bzw. durch entsprechende Verseilung der Kabeladern gering gehalten. Die durch die Kondensatorwirkung zwischen den einzelnen Kabeladern entstehende Dämpfung konnte bei Fernkabel durch die Erhöhung deren Induktivität mit der abschnittsweisen Einschaltung von Spulen vermindert werden. Man ersparte sich damit die Verwendung von Kupferadern mit größerem Querschnitt und damit gewaltige Kosten. Mit der Entwicklung der Elektronenröhre zur Verstärkung von Sprachsignalen wurden zur Überbrückung großer Distanzen in Abständen von etwa 70 km Verstärkerämter eingerichtet, wo mittels Röhrenverstärkern die Dämpfung der Kabel ausgeglichen wurde. Soweit die hier im Prinzip besprochene Telefon-Übertragungstechnik vom Stand der Jahre um 1940.

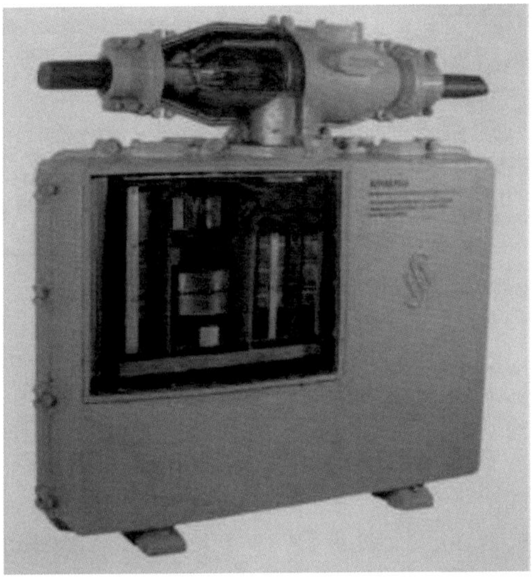

(10.8) Ausstellungsexemplar eines „Pupinkasten“

Wie in der traditionellen Telefon-Vermittlungstechnik so wurden auch in der Übertragungstechnik die einzelnen Sprachsignale in einem Kabel räumlich getrennt übertragen. Nach der Entwicklung der Elektronenröhren konnte jedoch durch entsprechende Modulation eine Frequenzteilung der Sprachsignale erreicht werden. Es entstanden damit Telefon-Übertragungssysteme für analoge Sprachsignale, mit denen eine Anzahl von einzelnen Signalen über Koaxialkabel in verschiedenen Frequenzlagen übertragen werden konnten. Diese Methode der Vielfachausnützung wird allgemein heute als FDMA Verfahren, wobei FDMA für „Frequency Division Multiplex Access“ steht, bezeichnet. Da bei solchen „Frequenzmultiplex-Systemen“ eine große Bandbreite zur Übertragung aller Kanäle erforderlich wurde, konnten die üblichen Kabel nicht mehr verwendet werden. Es mussten in diesem Falle Kabel mit koaxialem Leiter, die auch für hohe Frequenzen eine gute Signalübertragung ermöglichen, eingesetzt werden. Ebenso gestatteten Richtfunkstrecken große Bandbreiten zu übertragen. Mit den Frequenz-Multiplexsystemen über Koaxialkabel oder mittels Richtfunk war der letzte Stand der analogen Übertragungstechnik erreicht.

Mit den mit der Halbleiter-Elektronik und der Mikroelektronik ab den Jahren um 1980 neu geschaffenen Möglichkeiten war jedoch das Ende für die Übertragungssysteme in Analogtechnik gekommen. Übertragungssysteme für Telefonie (wie auch für das Radio und das Fernsehen) sind heute weitgehend in digitaler Technik realisiert. Die Umwandlung des Sprachsignals in ein digitales Signal kann dabei wiederum mittels Abtasten und Quantisierung erfolgen. Neben der einfachen Darstellung der Signalamplituden in digitaler Form durch entsprechende Binärzahlen können zur Erzielung einer störsicheren Übertragung auch Codierverfahren spezieller Art eingesetzt werden. Die Codierungstheorie liefert dabei eine Vielzahl von Möglichkeiten. Dazu wird als Beispiel der Reed-Solomon Code, der eine Fehlerkorrektur ermöglicht, hier angeführt. Als Multiplextechnik kann auch in der digitalen Übertragungstechnik das FDMA-Verfahren eingesetzt werden. Dabei bewirken die einzelnen in digitaler Form vorliegenden Sprachsignale eine digitale Modulation eines zugeordneten Trägers bestimmter Frequenz. Die Trägerschwingung kann dabei in ihrer Amplitude, in ihrer Frequenz oder auch in ihrer Phasenlage verändert werden. Man spricht hier von ASK-Modulation (ASK= „Amplitude Shift Keying"), von FSK-Modulation (FSK= „Frequency Shift Keying") und von PSK-Modulation (PSK=„Phase Shift Keying"). Auch eine Kombination dieser Modulationsverfahren ist möglich, z.B. in Form der ASK/PSK-Modulation, bei der sowohl die Amplitude als auch die Phase des Trägers durch das digitale Sprachsignal verändert wird. Sowohl die Realisierung der digitalen Modulatoren als auch die dafür notwendige Erzeugung der einzelnen Träger verschiedener Frequenz kann effektiv in Halbleitertechnik durchgeführt werden. Geeignete Verstärker für das Summensignal und eine Modulationsstufe gefolgt von einem Sendeverstärker, um ein für die Übertragung mittels eines Koaxkabels oder ein für Richtfunkstrecken geeignetes hochfrequentes Signal zu erreichen, stellen die Ausgangsstufe dar. Auch diese kann heute vollständig in Halbleitertechnik realisiert werden. Neben den Richtfunkstrecken und dem Koaxialkabel wurde für digitale Signale auch die optische Übertragung mittels Lichtwellenleiter in Form der Glasfaser-Kabel möglich gemacht, womit eine sehr effektive Übertragungstechnik für Breitbandsignale, d.h. für hohe Datenraten als Ergänzung zu den traditionellen Übertragungsmethoden geschaffen wurde.

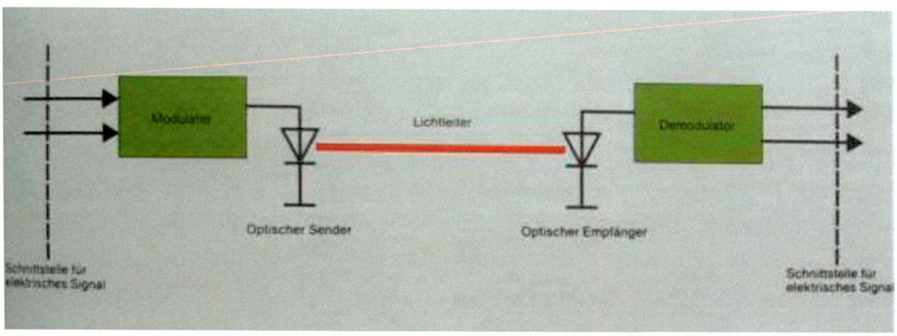

(10.9) Prinzip einer optischen Übertragungsstrecke mit Glasfaser-Kabel

10.5 Mehrkanal- Telefonie über Glasfaserkabel

Ähnlich zur traditionellen elektrischen Informationsübertragung kann man auch für die optische Informationsübertragung über eine Glasfaser versuchen ein System mit Mehrfachausnützung der vorhandenen Bandbreite bzw. Datenrate, d.h., zur Übertragung mehrerer voneinander unabhängiger Kanäle, zu konstruieren. In der konventionellen elektrischen Übertragungstechnik kann dafür das Prinzip der Raumteilung, der Frequenzteilung und der Zeitteilung angewendet werden. In speziellen Fällen kann auch das Prinzip der Orthogonalteilung, welches spektral mit der Frequenzteilung verwandt ist, eingesetzt werden. In der heute praktisch eingerichteten optischen Übertragungstechnik wird die Frequenzteilung in der Art eines Wellenlängen Mehrkanal Multiplex Systems, einem WDM-System (WDM=Wave Division Multiplex) angewendet. Das folgende Blockschaltbild zeigt den Aufbau eines solchen Systems.

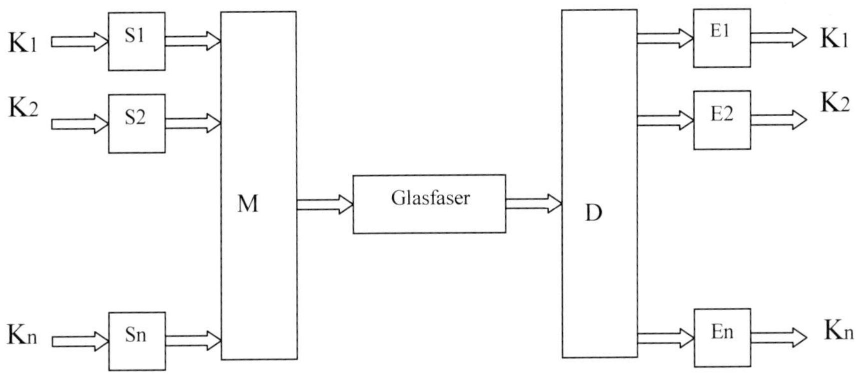

(10.10) WDM System

Die zu übertragenen n elektrischen digitalen Kanäle K_1, K_2 … K_n speisen die zugeordneten n Sende-Dioden (Laser Dioden) S_1, S_2, …,S_n. Die davon erzeugten Lichtimpulse mit den Wellenlängen l_1, l_2,…,l_n werden im Multiplexer M aneinandergereiht und ergeben an dessen Ausgang das Summensignal l das über die zur Verfügung stehende Glasfaser übertragen wird. Das Lichtsignal l hat in einem geeigneten Fenster der Glasfaser (hauptsächlich heute das 3. Fenster) zu liegen um die geringst mögliche Dämpfung zu erreichen. Auf der Empfangsseite werden im Block D aus dem empfangenen Lichtsignal l wieder die einzelnen kanalspezifischen Lichtsignale l_1, l_2,…,l_n erzeugt und an die Empfangs-Dioden E_1,E_2,…,E_n weitergeleitet. Diese leiten das damit erhaltene elektrische digitale Signal an die Kanäle K_1, K_2,…, K_n weiter. Bei M handelt es sich um einen rein optischen Koppler. D ist komplizierter aufgebaut. In diesem Block müssen aus dem empfangenen Summensignal l die einzelnen kanalspezifischen Lichtsignale l_1, l_2,…,l_n mit einer Filteroperation gewonnen werden. Dazu ist der Einsatz von zugehörigen Oszillator-Laserdioden O_1, O_2…O, die diese Filterung unterstützen, erforderlich. Unsere Ausführungen zur Funktion der optischen Mehrkanalsysteme auf der Basis von WDM konnte hier notwendigerweise nur dem Prinzip nach erklärt werden. Der Leser der an näherem Detail interessiert ist, muss auf die dafür vorhandene Fachliteratur zurückgreifen. Historisch gesehen stellt WDM eine für optische digitale Signale ausgelegte „Wechselstromtelegraphie“, gesehen werden.

Heute hat die Glasfaser in der Anwendung als Lichtwellenleiter die bisher installierten metallischen elektrischen Leiter in Form von Adern aus Kupfer oder ausgeführt als Koaxialkabel weitgehend verdrängt. In den meisten Fällen werden diese nur noch für die „letzte Meile", die von einem Verteiler zu den einzelnen daran angeschlossen Geräten führt, verwendet.

10.6 Mobile Telefonie

Mit den Möglichkeiten, die heute sich mittels der Mikroprozessoren und der schnellen Übertragung von Lichtimpulsen mittels der Glasfaserkabel gegeben sind, lag es nahe für die Telephonie zusätzlich zu einem bestehenden Festnetz ein Netz für mobile Telephonie zu errichten. Wohl gab es analoge Mobilfunk-Netze bereits für spezielle Teilnehmergruppen, wie für die Polizei oder für Taxiunternehmen (A-, B- und C-Netze). Mit GSM, dem „Global System for Mobile Communications" wurde jedoch ein digitales Netz für den europaweiten öffentlichen Telephonverkehr geschaffen. Die Anfänge gehen in das Jahr 1992 zurück. Seit dieser Zeit hat das GSM Netz verschiedene Verbesserungen erhalten und hat bis heute in Europas eine große Netzabdeckung. Als Nachfolger gilt UMTS und LTE. Nach der von der ITU (International Telecommunication Union) getroffenen Einteilung gehören die A-B-und C-Netze zur 1. Generation (1G Netze). GSM gilt als ein 2G Netz, UMTS als 3G Netz und LTE als 4G Netz. Derzeit bemüht man sich 5G Netze den Teilnehmern zur Benutzung vorzuschlagen. Während GSM neben Telephonie zur Übertragung von schriftlichen Nachrichten SMS (Short Message Service) anbietet, erlaubten die mobilen Systeme der nachfolgenden Generationen den Nachrichtenverkehr über das Internet. Der Teilnehmer-Apparat (das „Handy") ist damit gewissermaßen zu einem Internet –Terminal geworden.

In aller Kürze soll nun der Aufbau eines Mobilfunk-Netzes behandelt werden. Neben dem „Handy", sind die Basisstationen und die Zentrale des Netz-betreibers wichtige Bestandteile des Netzes. Das für das Netz in Frage kommende Gebiet wird zellular mit Basisstationen versorgt, die mittels Glasfaserkabel oder Richtfunkstrecken untereinander gekoppelt sind. Sie überdecken damit das ganze Gebiet und vermitteln auch den Kontakt mit der Zentrale des Netzbetreibers. Jede Aktion des mobilen Teilnehmers wird in dieser Zentrale registriert und bearbeitet. Funknetze dieser Art sind erst mit der Entwicklung der Mikroprozessoren und der Funktechnik auf Halbleiterbasis sowie der Übertragungstechnik mittels Richtfunk und Glasfaserkabel möglich geworden.

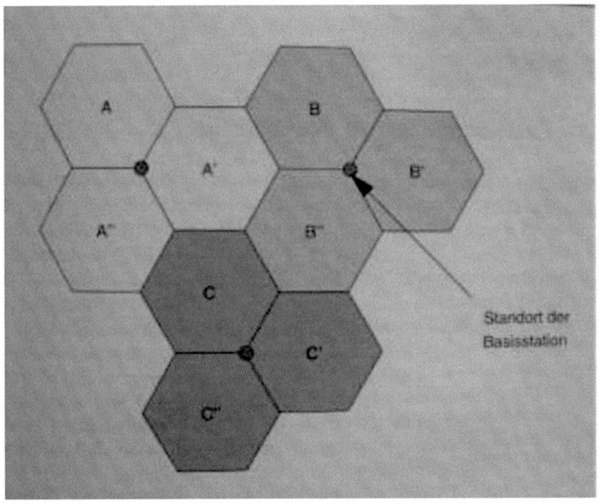

(10.10) Prinzip einer zellularen Architektur

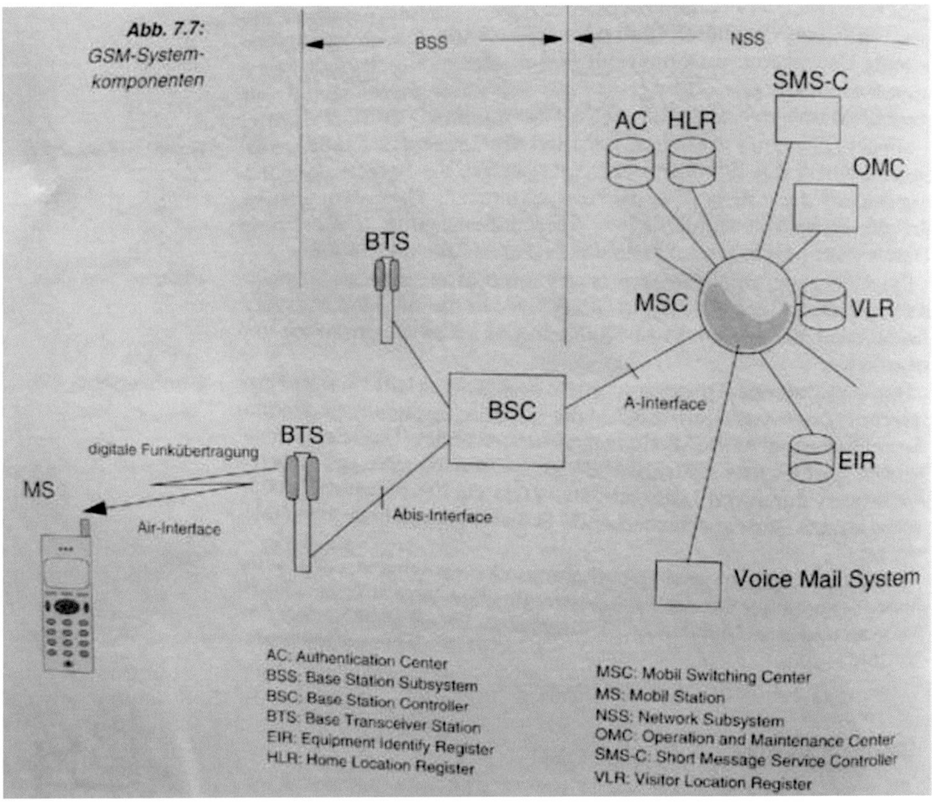

(10.12) Komponenten eines zellularen Netzes

Jeder Teilnehmer der Mobil Telefonie besitzt ein Funktelephon („Handy“) das mit einer SIM Karte (SIM steht für „Subscriber Identy Module“) mit der der Teilnehmer die Berechtigung zur Benützung des Netzes erhält. Mit einem Passwort (PIN = Personal Identification Number) kann der Teilnehmer sein „Handy“ vor unbefugter Verwendung schützen. Jedes Funktelephon ist für sich ein hochwertiges nachrichtentechnisches Gerät das zum größten Teil digital gestaltet ist. Analoge Bausteine sind nur mit den Signalwandlern Mikrophon, Fernhörer und Bildschirm und im Antennenkreis zu finden. Leider ist heute festzustellen, dass das „Handy“ seine ursprüngliche Funktion als Gerät zum Fernsprechen weitgehend verloren hat. Viele Anrufe landen heute auf der Mailbox des gerufenen Teilnehmers und der rufende Teilnehmer wartet oft vergeblich auf einen Rückruf. Die Hauptverantwortung, soweit dies die Telekommunikation betrifft, tragen dafür die verschiedenen „Social Media“ Dienste wie WhatsApp , Instagram oder Facebook, die hier als Konkurrenten auftreten.

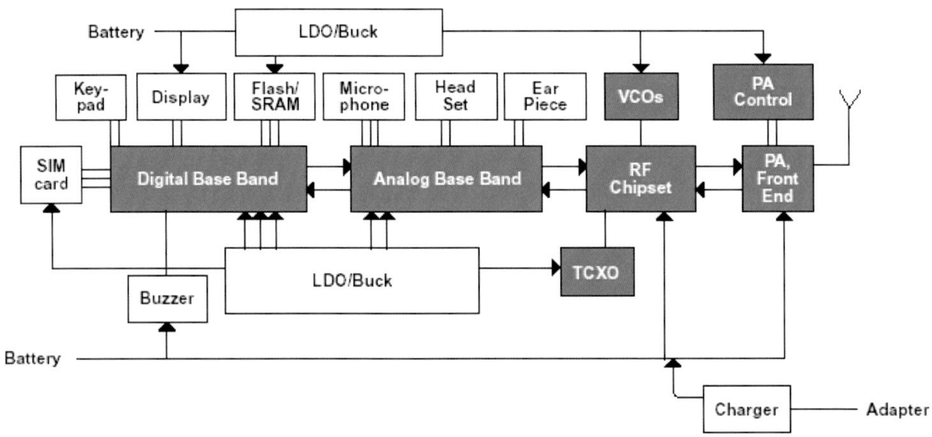

(10.13) Blockschaltbild eines Handy

Die automatischen Telefon-Vermittlungen der Mobiltelefonie und auch der Festnetz- Telefonie sind heute vollelektronisch in digitaler Technik realisiert. Wie bereits vorher angeführt hat das Internet jedoch zu einer kompletten Wandlung der dafür eingesetzten Technik geführt. Das Internet und das dort mit dem Internet Protokoll (IP) verwendete Verfahren der Paketvermittlung mittels der ATM Technik übernimmt heute mit den von den Telekom-Firmen eingesetzten All-IP Systemen alle bei der Vermittlung von Telefongesprächen anstehenden technischen Aufgaben.

Schriften zu Kapitel 10

Volker Jung. Hans-Jürgen Warnecke (Herausgeber): Handbuch
für die Telekommunikation. Springer Verlag Berlin Heidelberg 1998
Gerd Siegmund: Technik der Netze. Hüthig Verlag Heidelberg, 1998
Dietmar Lochmann: Digitale Nachrichtentechnik. Signale, Codierung,
Übertragungssysteme, Netze. Verlag Technik Berlin 1997
Henning F. Harmuth: Transmission of Information by Orthogonal Functions.
Springer Verlag, New York-Heidelberg-Berlin, 1997
F. Pichler: Das Sequenzvielfach, ein neues Sprechwegenetzwerk für
vollelektronische Fernsprechvermittlungsdämter, XII. Int. Koll.
Technische Hochschule Ilmenau, September 1967
F. Pichler: Experimentelle vollelektronische Fernsprechvermittlung
mit Sequenzvielfach. Techn. Bericht (1968)
Kapsch A.G.: Das digitale Jahrhundert der Telephonie.
Bericht über eine Studienreise durch Nordamerika.
Kapsch A.G.,Wien 1977
Volkmar Brückner: Optische Nachrichtentechnik. Teubner Stuttgart 2003
Christoph Wrobel (Hrsg.): Optische Übertragungstechnik in industrieller Praxis
Hüthig Buch Verlag Heidelberg 1994
„Nachrichtentechnik Einst und Jetzt“: homepage Telekom Museum Ried

Bildnachweis

Kapitel 2

M.D. Fagen (Ed.): A History of Engineering and Science in the Bell System.
The Early Years (1875- 1925), Bell Laboratories Inc. 1975
(1, 4, 6, 7, 8, 16, 17, 18, 19)
Kempster B. Miller: American Telephone Praxis. New Mc Graw Hill Publ. 1905
(3, 9,12, 13, 14, 15, 23)
Arthur Bessey Smith und F. Aldendorff: Automatische Fernsprechsysteme.
Ihre Entwicklung bis zur Gegenwart. I. Lieferung. 1910 (22, 24)
George Prescott: The Speaking Telephone. New York 1878 (5, 11)
Charles Mourlon: Les Telephones Usuels. Paris ca 1890 (10)
Bernard S. Finn: Alexander Graham. Bell´s experiments with the variable-
resistance transmitter. Smithonian Journal of History,
Vol 1, 1966 (2)
Herbert N. Casson: The History of the Telephone. Chicago 1910 (20)
Johann Sahulka: Die Elektrotechnik auf der Weltausstellung in Chicago.
Wien 1895. (21)
Fotos des Autors (25-31)

Kapitel 3 bis 10

Generaldirektion der ÖPT: Österreichs Post Einst und Jetzt. Wien ca 1936
3.1, 3.6, 5.5
Christine Kainz; Österreichs Post, Verlag Christian Brandstätter, Wien 1995
3.4, 3.5, 3.7
ITT Austria 1884- 1984 „Czeija & Nissl"; Jubiläumsschrift, Wien 1984
5.13, 5.20
Hermann Heiden: Rund um den Fernsprecher. Berlin 1937
8.3
Archiv für Deutsche Postgeschichte: 100 Jahre Fernsprecher in Deutschland.
Sonderdruck des Heftes 1/1977. Frankfurt 1977
4.1, 4.2
Siemens & Halske Wien: Die automatischen Einrichtungen
der k.k. Staatstelephon:Zentralen Wien, System G.H. Dietl. Wien 1914
5.1 bis 5.4, 5.6 bis 5.12, 5.14- 5.19
ÖPT: Fernmeldetechnik (Telegraphendienstprüfung II) Wien 1955
8.1, 8.2, 8.8, 8.9
Telekom Museum Ried
3.2, 3.3, 7.1, 7.3, 7.4, 7.5, 8.7, 9.1, 9.13, 9.15, 9.20, 10.4, 10.6, 10.7
Dipl.Ing. Reinhard Schulz:: Geschichte mit Zukunft- 30 Jahre Fortschritt in der
Nachrichtentechnik 1945-1975. AEG-Telefunken, Backnang 1975
9.17
Hermann Heiden: Rund um den Fernsprecher. Westermann Verlag Braunschweig, 1963
6.1,
Alle übrigen Bilder stammen aus den Bildarchiven der Autoren.